ZEITSCHRIFT FÜR ANGEWANDTE GEOLOGIE

HERAUSGEGEBEN VON
DEM ZENTRALEN GEOLOGISCHEN INSTITUT
UND DER ZENTRALEN VORRATSKOMMISSION
DER DEUTSCHEN DEMOKRATISCHEN REPUBLIK

AUS DEM INHALT

AKADEMIE-VERLAG · BERLIN

BAND 10 / HEFT 11
NOVEMBER 1964
SEITE 567–622

Die ZEITSCHRIFT FÜR ANGEWANDTE GEOLOGIE berichtet ständig über folgende Arbeitsgebiete: Geologische Grundlagenforschung und Lagerstättenforschung / Methodik der geologischen Erkundung / Ökonomie und Planung der geologischen Erkundung / Technik der geologischen Erkundung / Geologie und Lagerstättenkunde im Ausland. In der Zeitschrift können alle strittigen Fragen der praktischen Geologie behandelt werden. Die Autoren übernehmen für ihre Aufsätze die übliche Verantwortung.

ZEITSCHRIFT FÜR ANGEWANDTE GEOLOGIE

KOLLEKTIVE CHEFREDAKTION

BAND 10 · NOVEMBER 1964 · HEFT 11

Vergleich der Lagerungsverhältnisse und Schwermineralführung postglazialer Seifen an der estnisch-lettischen Küste und der DDR[1]

HANS JÜRGEN ROGGE, Berlin

1. Einleitung

Das ständig wachsende Interesse an wirtschaftlich nutzbaren Mineralanreicherungen führte in dem vergangenen Jahrzehnt in fast allen Ostseeländern zu einer eingehenden Bearbeitung der Schwermineralseifen des ufernahen Meerestyps (W. CHRISTENSEN & G. LARSEN 1960; K. v. BÜLOW 1951; H. J. ROGGE 1962; I. ZELINSKI 1955; W. G. ULST & JA. JA. MAJORE 1960). Während sich die dänischen und polnischen Arbeiten ausschließlich auf den Nachweis und die Beschreibung der rezenten Schwermineralseifen konzentrierten, bezogen die Untersuchungen an der estnischen, lettischen und deutschen Küste auch die spät- und postglazialen Ablagerungen mit ein. Im Ergebnis der Sucharbeiten konnten an den letztgenannten Küsten eine Reihe Schwermineralseifen in den postglazialen Ablagerungen nachgewiesen werden, die einen guten Einblick in die Gesetzmäßigkeiten der Bildung von Seifen des ufernahen Meerestyps vermitteln.

2. Die postglazialen Schwermineralseifen an der estnischen und lettischen Ostseeküste

In den vergangenen Jahren sind an der Südküste Estlands, im Gebiete Lemme—Pijckopi sowie an der lettischen Ostseeküste, insbesondere am Rigaer Meerbusen und im Gebiet zwischen der Stadt Ventspils (Windau) und dem Kap Kolka, in den postglazialen Ablagerungen Schwermineralanreicherungen nachgewiesen worden. Von den genannten Seifenvorkommen sind vor allem die an der Ostküste des Rigaer Meerbusens liegenden näher untersucht worden. So treten bei der Stadt Ainaji (Hainasch) in zwei Strandwällen am inneren Rand der litorinazeitlichen Akkumulationsterrasse Schwermineralanreicherungen in einer Längserstreckung von mehreren Kilometern und einer Breite von 20—30 m auf (Abb. 1). Die in schwermineralreiche und -arme Lagen gegliederten Schwermineralhorizonte liegen in einer Teufe von 1,5—2,5 m unter Flur. Ihre Mächtigkeit beträgt durchschnittlich 0,30—0,35 m. Ähnliche Verhältnisse wie bei Ainaji liegen auch im Gebiet Lemme—Pijckopi vor. Die Zone der Schwermineralanreicherungen ist ca. 1,8 km lang und 10—15 m breit. Sie liegt in einer Teufe von 1,5—2,0 m unter Flur und ist im Durchschnitt 0,5 m mächtig. Nach den Bohrungen können bis zu vier Anreicherungshorizonte auftreten, die sowohl miteinander verbunden als auch durch schwermineralarme Zwischenlagen untergliedert sein können. Die Neigung der einzelnen Horizonte einschließlich ihrer „tauben" Zwischenmittel ist unter einem Winkel von 5—12° seewärts gerichtet. Wie aus Tab. 1 ersichtlich, unterscheidet sich die Kornverteilung in den Seifen nicht wesentlich von der der altersgleichen schwermineralarmen Schichten.

Tabelle 1. Kornverteilung litorinazeitlicher schwermineralreicher und -armer Sande an der Ostküste des Rigaer Meerbusens

Probe	Kornklassen					
	2,0—1,0	1,0—0,5	0,5—0,25	0,25—0,1	0,1—0,05	< 0,05
a) Schwermineralreiche Sande						
353	—	—	36,6	62,0	1,1	0,3
354	—	—	38,0	60,2	1,4	0,4
385	0,3	8,7	30,2	58,4	2,0	0,4
491	—	—	63,2	34,2	0,8	1,8
b) Schwermineralarme Sande						
177 A	0,2	3,4	15,0	80,8	0,2	0,4
101 A	0,1	1,0	44,2	53,7	0,6	0,4
100 A	—	2,2	40,2	56,8	0,2	0,6
95 A	0,8	8,4	39,6	49,6	0,6	1,0

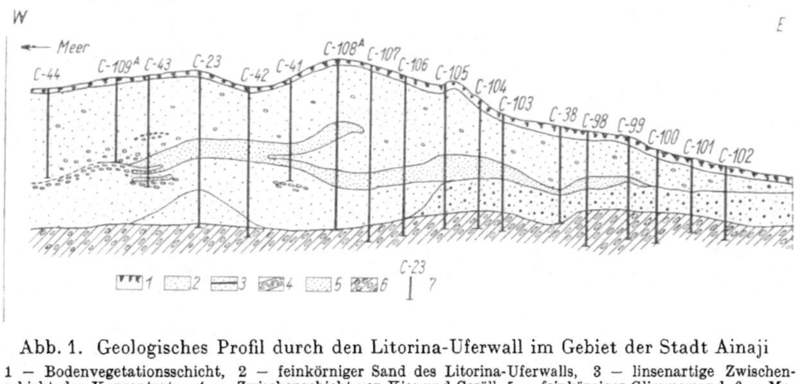

Abb. 1. Geologisches Profil durch den Litorina-Uferwall im Gebiet der Stadt Ainaji

1 — Bodenvegetationsschicht, 2 — feinkörniger Sand des Litorina-Uferwalls, 3 — linsenartige Zwischenschicht des Konzentrats, 4 — Zwischenschicht von Kies und Geröll, 5 — feinkörniger Glimmersand, 6 — Moränenlehme, 7 — Handbohrung und ihre Nummer

[1]) Eingang des Manuskripts in der Redaktion: 16. 6. 1964

Nach den vorliegenden Siebanalysen herrschen feinkörnige Sande vor allem der Kornklasse 0,25—0,1 mm mit durchschnittlich 53,7% bei a) und durchschnittlich 60,2% bei b) vor. Ihnen folgen die mittelkörnigen Sande mit ca. 42% bei a) und ca. 35% bei b). Grobkörnige Sande treten fast ganz zurück und erreichen lediglich in zwei Proben einen Anteil von 9% an der Gesamtzusammensetzung.

Der Schwermineralgehalt der Seifenhorizonte schwankt beträchtlich zwischen 1,83—96,2% und liegt als Mittel von 67 Proben bei 10,9%. Im Vergleich dazu beträgt der Schwermineralgehalt der Sande der litorinen Akkumulationsterrasse durchschnittlich 1,2%.

Der Mineralbestand der Seifen setzt sich im wesentlichen aus Granat, Pyroxen (Hypersthen, Enstatit, Diopsid, Ägirin, Augit), Magnetit, Ilmenit, Pyrit, Hämatit, Leukoxen, Titanit, Zirkon, Rutil, Monazit, Turmalin, Epidot, Disthen, Staurolith, Baryt und Chlorit zusammen. Grundsätzlich überwiegt der Granat mit einem Anteil von ca. 62—80%, gefolgt von den Erzmineralien mit 10—20%. Der Gehalt an Amphibolen (gewöhnliche und basaltische Hornblende) und an Pyroxen ist relativ gering und liegt zum überwiegenden Teil bei $< 5\%$. Zirkon ist durchschnittlich mit 1% vertreten.

In den Sanden der litorinen Akkumulationsterrasse herrscht zwar noch der Granat mit 33—43% vor, jedoch reduziert sich sein Anteil gegenüber dem in den Seifen fast um die Hälfte. Die Erzmineralien und der Zirkon nehmen zu und verdoppeln zum Teil ihren Anteil. Den größten Zuwachs weisen die Amphibole und Pyroxene auf, deren Gehalt bis auf 20% ansteigt.

Die Verteilung der Minerale in den einzelnen Kornklassen geht aus Tab. 3 hervor. Danach sind in den Kornklassen > 1 mm keine Schwermineralien enthalten. In der folgenden grobsandigen Kornklasse setzt sich die Schwermineralfraktion vorwiegend aus Amphibol und Pyroxen mit $> 51\%$ zusammen, gefolgt von Granat, Magnetit und Ilmenit. Mit zunehmender Kornverfeinerung nimmt der Anteil der leichteren Schwerminerale bis auf $< 10\%$ ab. Demgegenüber erreicht der Granat Werte von 82—90% in der Kornklasse 0,5 bis 0,25 mm und durchschnittlich 75% in der Kornklasse $< 0,25$ mm. Ilmenit, Zirkon und zum Teil auch Magnetit

Tabelle 2. Der Gehalt der wichtigsten Minerale der schwermineralreichen und -armen litorinen Sande in %

Probe	SM-Gehalt (Gew.-%)	Mineralverteilung innerhalb der Schwermineralfraktion				
		Amphibol	Pyroxen	Granat	Erz-minerale	Zirkon
		a) Schwermineralreiche Sande				
64	2,22	10,4	7,66	62,61	9,46	0,90
8	11,57	4,49	3,12	76,49	13,14	1,04
50	28,12	2,38	1,81	79,41	12,80	0,60
41	42,62	3,49	1,29	79,61	11,31	1,01
86	57,24	1,92	3,66	80,40	19,78	1,92
		b) Schwermineralarme Sande				
28	0,38	15,78	5,26	39,47	26,31	2,63
31	0,78	15,38	7,69	37,17	23,07	3,85
90	1,18	14,41	6,78	43,22	22,88	0,85
118	1,29	19,38	11,63	32,56	20,93	Sp.

Tabelle 3. Die Schwermineralverteilung innerhalb der Kornklassen von Seifenproben

Probe	Korngröße (mm)	Granat	Monazit	Zirkon	Ilmenit	Magnetit	Amphibol	Pyroxen
387	1,0—0,5	17,1	—	—	—	8,6	40,0	11,4
	0,5—0,25	82,8	—	—	2,5	3,7	9,2	1,0
	< 0,25	75,0	1,0	1,0	3,5	10,3	5,4	1,4
479	0,5—0,25	91,2	—	—	3,0	2,4	2,4	0,8
	< 0,25	76,0	1,2	2,2	14,0	—	5,0	1,2

sind vor allem bzw. ausschließlich in der Kornklasse $< 0,25$ mm vertreten.

Nach den vorliegenden Untersuchungen ist anzunehmen, daß die Schwermineralseifen an der Ostküste des Rigaer Meerbusens in der Zeit des Höchststandes der Litorinatransgression gebildet wurden. Die mit Beginn der Transgression einsetzende Abrasion älterer Ablagerungen, insbesondere von Geschiebemergel, führte einerseits zur Bildung der im Liegenden der Seifenhorizonte angetroffenen Sand-, Kies- und Geröllablagerungen, andererseits zur Um- und Verlagerung der sandigen und tonigen Gemengteile. Begünstigt durch die isostatischen Bewegungen erfolgte eine allmähliche Ausarbeitung des Gleichgewichtsprofils der Unterwasserböschung, die zu einer langsamen Akkumulation von schwermineralhaltigen Sedimenten führte. Im Verlauf der einsetzenden Anlandung trat mit Nachlassen der Transportkräfte eine weitgehende Sortierung und Auslese nach Korngröße, Kornform und spezischem Gewicht ein, in deren Ergebnis die Seifen gebildet wurden. Begründet wird diese Annahme durch die nachgewiesene Mineralverteilung in den Seifen und in den normalen Sandablagerungen der litorinen Akkumulationsterrasse. Während in den Seifenhorizonten vorwiegend die spezifisch schwereren Minerale, wie Granat und Ilmenit, angereichert wurden, treten in den schwermineralarmen Sanden der litorinazeitlichen Ablagerungen neben Granat vor allem die rhombischen und monoklinen Hornblenden, Augite und andere leichtere Schwerminerale auf. Mit der Herstellung des Gleichgewichtsprofils und dem Einsetzen einer verstärkten Anlandung fehlten die Voraussetzungen für eine weitere Anreicherung von Schwermineralien, da die angelandeten Sedimente relativ schnell dem marinen Einfluß entzogen wurden. Aus diesem Grund treten auch in den folgenden postlitoralen Ablagerungen keine nennenswerten Schwermineralseifen auf.

3. Die postglazialen Schwermineralseifen an der Ostseeküste der DDR

Im Gegensatz zu der seewärts gerichteten Küstenverschiebung Estlands und Lettlands ist die südliche Ostseeküste ständig im Zurückweichen begriffen. Auf Grund dieser unterschiedlichen Entwicklung stößt die Untersuchung der einzelnen postglazialen See- und Meeresablagerungen auf große Schwierigkeiten, da sie zum überwiegenden Teil nur durch Seebohrungen oder Taucherbeobachtungen erfaßt werden können. Der Untersuchung zugänglich sind vor allem ältere Meeresbuchten des Litorinameers, in denen eine starke Sandakkumulation der Abrasion Einhalt gebot und sich schützend vor die Uferzone legte. In diesen Bereichen wurden in den vergangenen Jahren einige litorinazeitliche resp. jungholozäne, verdeckte Schwermineralseifen nachgewiesen, von denen die Vorkommen bei Ahlbeck und Zempin wissenschaftlich von Interesse sind.

Zeitschrift für angewandte Geologie, Bd. 10 (1964) Heft 11

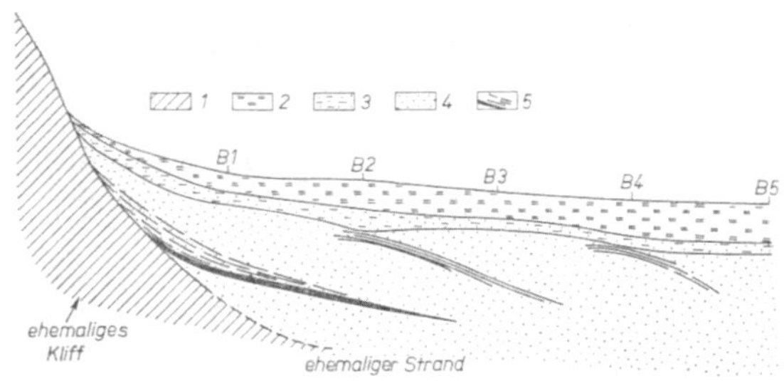

Abb. 2. Schematisches Profil durch die subrezente Schwermineralseife bei Ahlbeck (überhöht)

1 – pleistozäne Sedimente, 2 – Flachmoortorf, 3 – humoser und eisenschüssiger Sand, 4 – Fein- und Mittelsand, 5 – Schwermineralanreicherungen

Die litorinazeitliche Schwermineralseife bei Ahlbeck

Am oberflächigen Aufbau des Untersuchungsgebiets sind vorwiegend Ablagerungen des Pleistozäns und Holozäns beteiligt. Das Pleistozän setzt sich im wesentlichen aus einem unteren Geschiebemergel, der von einem durchschnittlich ca. 60 m mächtigen Feinsandhorizont überlagert wird, zusammen. Die starke morphologische Gliederung des Gebiets, die Aufpressungen von unterem Geschiebemergel und die lokale Überlagerung von oberem Geschiebemergel deuten darauf hin, daß das Gebiet durch Vorstöße des Odergletschers in der Spätglazialzeit aufgepreßt und zum Teil vom Eis nochmals überfahren wurde. Holozäne Ablagerungen treten in dem Untersuchungsgebiet nur im Vorland des ehemaligen litorinazeitlichen Steilufers auf. Sie bestehen vorwiegend aus marinen Sedimenten, die nach KEILHACK (1914) im wesentlichen drei verschiedenaltrige Strandwallfächer bilden. Der älteste Strandwallfächer — östlich der Staatsgrenze gelegen — verläuft S—SSE. Sein Kliffansatz ist durch das weitere landwärtige Vorrücken des Litorina-Meeres vernichtet worden, so daß er heute spitzwinklig an den jüngeren, SE gerichteten Strandwallfächer ansetzt. Die einzelnen Strandwälle dieses zweiten, jüngeren Strandwallfächers setzen von SE nach NW mit einem spitzen Winkel von ca. 10° an das ehemals aktive Kliff des Zierow- und Kalkberges an. Durch die fortschreitende Sandakkumulation in der Bucht von Swinouscie (Swinemünde) verlagerte sich der Ansatzpunkt der Strandwälle ständig in nordwestlicher Richtung und liegt heute bereits am Langen Berg bei Bansin, als dem Ansatzpunkt des jüngsten Strandwallfächers.

Das bereits von KEILHACK (1914) und WASMUND (1938) nachgewiesene Schwermineralvorkommen liegt ca. 1,5 km südöstlich des Ostseebads Ahlbeck auf dem ursprünglich dem pleistozänen Kliff vorgelagerten Strand. Mit einer Länge von über 1,6 km umsäumt es den überwiegenden Teil des ehemals aktiven Steilufers. Die Breite der Anreicherungszone ist unterschiedlich. Sie beträgt im Durchschnitt 26 m, bei einem Maximum

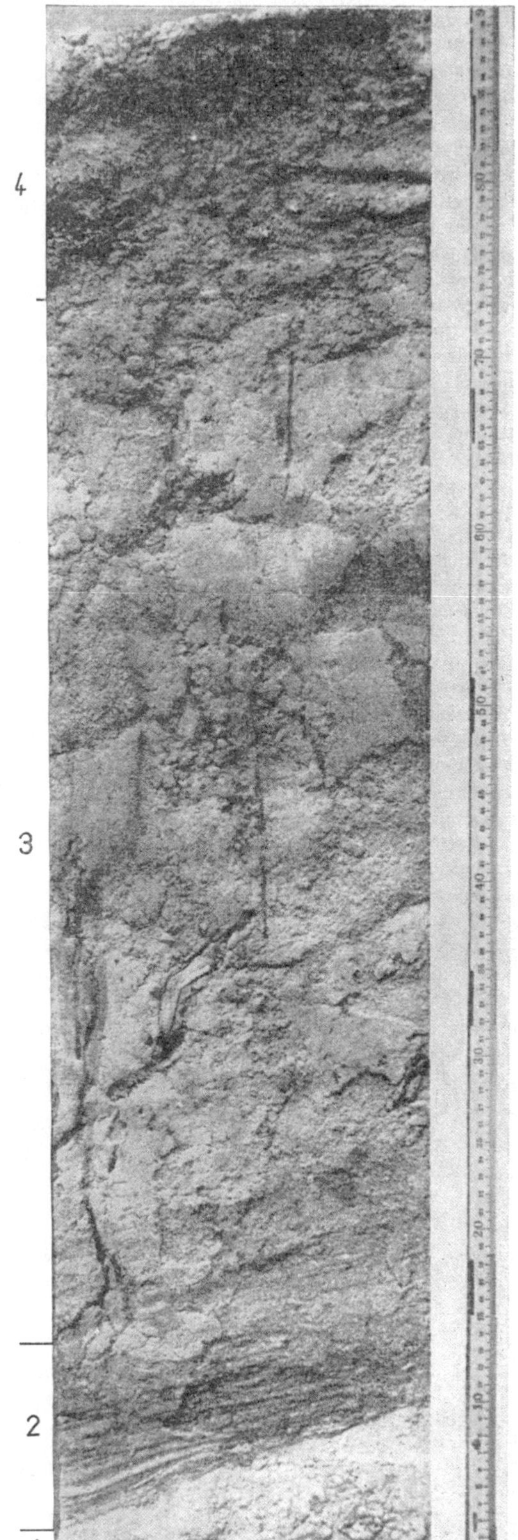

Abb. 3. Schurfprofil der litorinazeitlichen Schwermineralseife bei Ahlbeck

1 – anstehender Feinsand, 2 – Seifenhorizont, 3 – eisenschüssiger humoser Feinsand, 4 – Flachmoortorf

Für die Anfertigung des Lackprofils (Abb. 3) sei dem Koll. K. RABE (Schwerin) und für die photographische Aufnahme dem Koll. ZASTROW (Berlin) herzlich gedankt.

von 60 m und einem Minimum von 10 m. Die geringste Breite ist an einen Landvorsprung geknüpft und dürfte entsprechend den rezenten Verhältnissen damit in Zusammenhang stehen.

Vielfach durch schwermineralarme Lagen unterbrochen, ist das Schwermineralvorkommen in mehrere Anreicherungshorizonte gegliedert. Wie aus der Abb. 2 hervorgeht, können neben der Kliffußseife noch zwei unabhängig voneinander liegende Anreicherungshorizonte auftreten, die nach den bisherigen Untersuchungen zwei verschiedenen Strandwällen zuzuordnen sind. Während die Kliffußseife sowohl kompakt als auch gebändert auftritt, überwiegt bei den Strandwallseifen der Wechsel von schwermineralreichen und -armen Lagen. Das Liegende der Kliffußseifen bilden Geschiebemergel und pleistozäne Sande, vereinzelt auch mariner feinsandhaltiger Mittelsand. Demgegenüber werden die Strandwallseifen ausschließlich von marinen Sanden unterlagert. Die zwischen den einzelnen Schwermineralhorizonten liegenden sandigen „Zwischenmittel" sind unterschiedlich mächtig. Ihre Mächtigkeit schwankt zwischen 0,40 m und 1 m. Im Hangenden der Horizonte folgen äolisch umgelagerte marine Sande, die von ca. 80 cm mächtigem Flachmoortorf überlagert werden. Die Gesamtmächtigkeit der über den Seifenhorizonten liegenden organogenen und anorganischen Sedimente beträgt im Durchschnitt 1,50 m, bei Schwankungen zwischen 0,50 m und 2,70 m (Abb. 3).

Analog den rezenten Verhältnissen treten auch bei der litorinazeitlichen Seife von Ahlbeck in der Nähe des Kliffußes und auf den Kämmen der Strandwälle die größten Schwermineralanreicherungen auf, wobei die kompakten Kliffußseifen eine Mächtigkeit bis 10 cm und die in schwermineralarme und -reiche Lagen untergliederten Horizonte eine Mächtigkeit bis zu 50 cm erreichen können. Im Vergleich dazu beträgt die Mächtigkeit der Schwermineralhorizonte auf den Strandwällen durchschnittlich 10 cm und erreicht in einigen Fällen 30 cm. In seeseitiger Richtung verlieren alle Horizonte relativ schnell an Mächtigkeit und keilen aus.

Die Kornverteilung der einzelnen Schwermineralhorizonte ist relativ einheitlich. Wie aus der Tab. 4 ersichtlich, überwiegt der Anteil der Kornklassen

Tabelle 4.

Probe	Kornklassen > 0,31 mm	0,31 bis 0,25 mm	0,25 bis 0,20 mm	0,20 bis 0,16 mm	0,16 bis 0,12 mm	0,12 bis 0,1 mm	< 0,1 mm
I/3	3,7	14,5	51,2	17,9	9,7	1,4	0,6
II/1	7,9	15,6	38,4	13,2	17,7	4,9	1,6
III/3	6,4	18,0	44,6	15,4	10,5	1,9	0,8
IV/1	2,7	14,3	49,7	17,8	10,7	2,3	1,0
VII/3	4,5	15,6	49,2	15,1	10,4	2,2	1,4
VIII/1	14,4	20,3	34,2	13,5	10,9	1,7	1,3
IX/1	9,1	20,7	44,7	12,7	9,2	2,0	0,9
XI/3	7,1	16,6	46,2	12,9	12,3	2,3	0,9
XII/3	4,7	13,7	41,4	15,0	17,5	4,6	1,2
XIII/1	4,9	17,7	44,1	13,6	12,6	3,1	0,6
XIV/5	4,7	16,0	49,2	16,1	9,5	2,1	1,6
XVI/3	9,3	23,0	37,2	12,0	10,0	2,3	0,7
Sch. 1/1	9,1	18,5	40,8	14,7	13,5	2,0	0,7
Sch. 4/1	4,5	11,7	35,1	22,7	21,1	2,6	0,7
Sch. 6/1	9,6	15,1	39,7	14.4	16,3	2,8	0,6
Sch. 8/1	8.3	23,8	49,5	9.6	6.1	1.3	0.3

Tabelle 5. Mineralverteilung*) in der litorinazeitlichen Schwermineralseife bei Ahlbeck

Probe	Kornklasse	Opake	Zirkon	Granat	Hornblende	Sonstige
S I/3	0,25 – 0,20 mm	33,5	0,9	31,9	12,0	21,7
	0,20 – 0,16 mm	43,3	0,8	39,2	4,9	11,8
	0,16 – 0,12 mm	42,5	1,1	33,0	4,9	18,5
S IX/3	0,25 – 0,20 mm	25,7	0,7	34,9	6,7	32,0
	0,20 – 0,16 mm	30,9	0,2	37,5	10,1	21,3
	0,16 – 0,12 mm	38,1	2,8	39,1	7,0	13,0
S XVI/3	0,31 – 0,25 mm	29,9	–	55,5	0,7	15,9
	0,25 – 0,20 mm	23,7	1,0	63,6	2,1	9,6
	0,20 – 0,16 mm	37,0	0,2	49,1	3,3	10,4
	0,16 – 0,12 mm	53,4	4,7	32,8	1,9	7,2

*) Nach Angaben von G. BUBLITZ, Rostock

> 0,2 mm mit durchschnittlich 66%. Am stärksten ist die Kornklasse 0,25—0,20 mm mit 43,5% vertreten. Ihr folgen die Kornklassen 0,31—0,25 mm mit 17,2% und 0,20—0,16 mm mit 14,8%.

Je nach dem Aufbau der Anreicherungshorizonte schwankt der Schwermineralgehalt zwischen 70—80% bei den kompakten und 4—50% bei den gegliederten Horizonten. Grundsätzlich konnten in allen Kornklassen Schwermineralien nachgewiesen werden. Mit Verfeinerung des Korns nimmt im allgemeinen der Schwermineralgehalt zu und erreicht in der Kornklasse 0,12—0,10 mm mit 60—95% sein Maximum. Die Schwermineralverteilung zeigt deutlich eine Abhängigkeit der einzelnen Minerale innerhalb der einzelnen Kornklassen. Nach den Untersuchungen von G. BUBLITZ sind Hornblenden, Pyroxen, Epidot, Turmalin u. a. unter „Sonstige" zusammengefaßte Minerale vor allem in den gröberen Kornklassen vertreten. Demgegenüber reichern sich mit Feinerwerden des Korns Opake und Zirkon an. In der Probe S XVI/3 stellen die Opaken in der Kornklasse 0,12—0,10 mm sogar den Hauptanteil der Schwermineralien. Granat ist besonders in den Kornklassen 0,25—0,16 mm vertreten (s. Tab. 5).

Die vorliegende Korn- und Mineralverteilung sowie der mehrfache Nachweis von Glimmer zeigen, daß die Mineralanreicherungen vor dem ehemals aktiven litorinazeitlichen Kliff von Ahlbeck keinem größeren Transport und der damit verbundenen Sortierung und Entmischung unterlegen haben, sondern typische Primärseifen im Sinne v. BÜLOWs darstellen. Durch die spitzwinklig an das Ufer ansetzenden Strandwälle des zweiten Fächers wurden sie der marinen Einwirkung und Umlagerung entzogen und allmählich durch äolisch umgelagerte Sande und organogene Bildungen konserviert. Ähnliche Verhältnisse konnten auch an rezenten Vorkommen, wie z. B. vor dem ehemals aktiven Kliff bei Heringsdorf, nachgewiesen werden.

Die postlitorine Schwermineralseife bei Zempin (Abb. 4)

Im Vergleich zu den Mineralanreicherungen bei Ahlbeck handelt es sich bei der postlitorinen Schwermineralseife bei Zempin ausschließlich um sekundäre Schwermineralanreicherungen, die von z. T. mächtigen Dünensanden überlagert werden. Der auf ca. 2 km Länge im Hinterland der strandnahen Düne durchgehend von Zinnowitz, ca. 300 m südöstlich vom Fischerhafen, bis zum Fischerhafen von Zempin nachgewiesene Horizont ist in schwermineralreiche und -arme Lagen gegliedert und liegt fast einheitlich 2,3 m über NN (Abb. 5). Seine Mächtigkeit schwankt zwischen 0,07 m bei Zinnowitz und 0,35 m bei Zempin. Höhe und Lagerungsverhältnisse des Schwermineralhorizonts lassen erkennen, daß es sich um marine Bildungen handelt, die in Lee des ehemaligen Liefergebiets im Bereich des Dünenmassivs bei Zempin ansetzen und unter stetiger Abnahme der Mächtigkeit und des Gehalts in nordwestlicher Richtung auskeilen.

In ihrer Kornzusammensetzung und Mineralverteilung weist sie gewisse Ähnlichkeiten mit den Seifenablagerungen an der Ostküste des Rigaer Meerbusens auf (Abb. 5). So stimmt z. B. die Kornverteilung des Seifenkonzentrats im wesentlichen mit der der schwermineralarmen Ablagerungen im Liegenden und Hangenden der Anreicherungszone überein. Demgegenüber weist die Mineralverteilung innerhalb der Schwermineralfraktionen zwischen den Seifen und den schwersandarmen Ablagerungen nach den Analysen des Instituts für angewandte Mineralogie Dresden eine Reihe Unterschiede auf. Analog den Verhältnissen am Rigaer Meerbusen sind in der Seife besonders Erzmineralien, Granat und Zirkon angereichert, wobei jedoch die Erzmineralien gegenüber dem Granat überwiegen. Der Gehalt an Amphibol beträgt nur ca. 5,5% und der der anderen leichteren Minerale 18,5%. Im Vergleich dazu können in den schwermineralarmen Ablagerungen bis zu 50% Amphibol und Sonstige auftreten (s. Tab. 6).

Tabelle 6. Mineralverteilung innerhalb der Schwermineralfraktion von schwermineralreichen und -armen Ablagerungen bei Zempin (in Gew.-%)

Probe	Minerale				
	Opake	Zirkon	Granat	Hornblende	Sonstige
Seifenprobe	42	6	28	5,5	18,5
1	32,5	3,5	19,5	14,0	30,5
2	31,0	4,0	15,5	14,5	35,0
3	34,5	4.0	25,5	11,0	25,0

Auch in der Mineralverteilung innerhalb der einzelnen Kornklassen konnten ähnliche Verhältnisse wie unter 2. nachgewiesen werden. Die Erzmineralien und der Zirkon nehmen mit stetiger Kornverfeinerung zu, während die Hornblende und die Sonstigen abnehmen. Granat ist besonders in der Kornklasse 0,2—0,1 mm angereichert. Sein Anteil beträgt jedoch hier nur bis 33%.

Abb. 4. Gesamtübersicht über die Bucht von Zempin

Abb. 5. Teilausschnitt der postlitorinen Schwermineralseife von Zempin

4. Ergebnisse

Durch die Untersuchungen der postglazialen Küstenablagerungen in der Estnischen und Lettischen SSR sowie in der DDR konnte in den vergangenen Jahren eine Anzahl subrezenter Schwermineralseifen nachgewiesen werden. Analog den rezenten Schwermineralanreicherungen handelt es sich sowohl um „Primärseifen", die in unmittelbarer Nähe des Detritusliefergebiets abgelagert wurden, als auch um „Sekundärseifen", die durch Sortierung und Separation während der Mineralwanderung und des Konzentrationsprozesses infolge Nachlassens der Wellen- resp. Driftenergie in Lee von Ufervorsprüngen und in Buchten entstehen können. Ihre Lage auf dem Strand bzw. den Strandwällen wird bestimmt durch die Höhe der ehemaligen Flutwasserstände und den Neigungswinkel des Strandes. In Abhängigkeit von der jeweiligen Küstenkonfiguration können sie eine Länge von mehreren Kilometern erreichen. Die Breite der Anreicherungszone ist im Verhältnis dazu unbedeutend und liegt im Durchschnitt zwischen 10 m und 30 m. Unter günstigen Bedingungen kann sie sich jedoch bei mehrfacher Wiederholung des Konzentrationsprozesses erweitern. Je nachdem es sich um „Primär-" oder „Sekundärstreifen" handelt, unterscheidet sich der Mineralbestand, wobei bei den „Sekundärstreifen" mit wachsender Entfernung vom Detritusliefergebiet noch eine weitere Differenzierung der Mineralverteilung innerhalb der Schwermineralfraktion nach dem spezifischen Gewicht, der Korngröße und Kornform deutlich erkennbar ist. Die bisher vorliegenden Untersuchungsergebnisse zeigen, daß die bei den rezenten Schwermineralseifen des ufernahen Meerestyps erkannten Gesetzmäßigkeiten, wie z. B. die der Lage, Lagerungsverhältnisse und Mineralverteilung, auch an den Seifen in den postglazialen Ablagerungen erkennbar und nachweisbar sind.

Zusammenfassung

Anhand eigener Untersuchungen und Beobachtungen und unter Einbeziehung entsprechender Literatur zieht Verf. einen Vergleich des Aufbaus und der Lagerung von postglazialen Schwermineralseifen der estnisch—lettischen Küste mit zwei markanten Vorkommen in der DDR.

Резюме

На основе личных исследований и наблюдений и использованием соответствующих литературных данных, автор сопоставляет строение и залегание постгляциальных россыпей тяжелых минералов на эстонско—латвийском побережье с двумя характерными проявлениями тяжелых минералов в ГДР.

Summary

Based on own investigations and observations as well as with the inclusion of appropriate literature, the author compares the structure and bedding of postglacial heavy-mineral placers of the Esthonian—Latvian coast with two striking occurrences of the G. D. R.

Literatur

BÜLOW, K. v.: Schwermineralseifen an der Mecklenburgischen Ostseeküste. — Arch. Lagerst.-Forsch., H. 81, Berlin 1951.

CHRISTENSEN, W. & G. LARSEN: Tungsandforekomster i Danmark. — København. 1960.

KEILHACK, K.: Erläuterungen zur Geologischen Karte von Preußen, Blatt Swinemünde. — Lieferung 193, Berlin 1914.

LUNZ, A. JA.: Über die Verteilung von Schwermineralien in den ufernahen Sanden der Ostküste des Rigaer Meerbusens (russ.). — Arb. Geol. Inst. Akad. Wiss. Lett. SSR, Teil VIII, Riga 1962.

LUNZ, A. JA., & JA. JA. MAJORE: Die Schwermineralien in der litorinen Akkumulationsterrasse an der Ostküste des Rigaer Meerbusens (russ.). — Arb. Geol. Inst. Akad. Wiss. Lett. SSR, Teil VI, Riga 1960.

ROGGE, H. J.: Zur Erkundungsmethodik litoraler Schwermineralseifen an der südlichen Ostseeküste. — Z. angew. Geol., 8, H. 2, Berlin 1962.

ULST, W. G., & JA. JA. MAJORE: Über die Verbreitung und die Bedingungen der Konzentration von Schwermineralien in den Sanden der lettischen Küste (russ.). — Arb. Geol. Inst. Akad. Wiss. Lett. SSR, Teil VI, Riga 1960.

WASMUND, E.: Die Schwermineralagerstätten der deutschen Küsten. — Geol. Rundsch., 29, Stuttgart 1938.

Systematische Untersuchung plastischer keramischer Rohstoffe und Auswertung von Untersuchungsergebnissen[1])

CHRISTOPH ADAM, Dresden

(Mitteilung Nr. 177 aus dem VEB Geologische Erkundung Süd, Freiberg)

1. Vorbemerkungen

Die Verarbeitung keramischer Rohstoffe läßt sich als eine der frühesten Produktionen menschlicher Gesellschaft bis in die jüngere Steinzeit zurückverfolgen. Auf Grund überaus weiter Verbreitung an der Erdoberfläche erkannte man bald in allen bewohnten Erdteilen, daß Lehme bzw. Tone unter dem Einfluß von Feuer zu festen Scherben brennen. Diese Erkenntnis wurde zunächst zur Anfertigung einfacher Gefäße und später auch zum Brennen von Ziegeln benutzt.

Die Entdeckung einer Vielzahl von Kaolin- und Tonlagerstätten in jüngerer Zeit war Voraussetzung für die Entstehung der verschiedenartigsten Manufakturen, aus denen sich dann die bekannten keramischen Industriezweige entwickelten. Neben der Bau- und Grobkeramik, zu der die Ziegel-, Steinzeug- und Fliesenwerke gehören, seien hier die Feinkeramik mit den Porzellan- und Steingutwerken sowie die Feuerfestindustrie und die technische Keramik genannt. Erwähnt sei noch, daß keramische Rohstoffe heute auch für artfremde Industriezweige, wie z. B. für die chemische und die Papierindustrie, große Bedeutung besitzen.

Die einzelnen Betriebe konnten früher allgemein nur dann konkurrenzfähig sein, wenn ihnen über einen längeren Zeitraum ein relativ gleichartiger Rohstoff zur Verfügung stand. Die Eignung desselben für den jeweiligen Verwendungszweck ergab sich fast ausschließlich durch den positiven Ausgang empirischer Versuche, ohne daß dabei die inneren Zusammenhänge geklärt worden sind. So wurde auch das Fehlen einheitlicher, d. h. exakt reproduzierbarer keramischer Untersuchungsmethoden zur Rohstoffbewertung bis zur Gegenwart nicht als Mangel empfunden.

Machte sich nach Ausbeutung einer mit Erfolg genutzten Rohstoffbasis die Umstellung auf einen Fremdrohstoff notwendig, so konnte eine damit verbundene Änderung der Rohstoffeigenschaften Ursache für die Schließung eines Betriebs sein.

Größere Betriebe — besonders der technischen und Feinkeramik — die einen hohen Aufwand an Arbeit in den Rohstoff investieren, d. h. ihre Einnahmen in erster Linie der Verarbeitung verdanken, entwickelten sich auch ohne eigene Rohstoffbasis. Die Möglichkeit hierzu gaben reine Gewinnungsbetriebe, die über entsprechende Lagerstätten verfügten und sich auf den Verkauf der Rohstoffe einstellten. Bei Kaolinen machte sich für manche Verwendungszwecke noch eine Veredelung durch spezielle Aufbereitungsverfahren notwendig, was wiederum zu einem erhöhten Verkaufsgewinn führte.

Nachteilig wirkte sich vielfach aus, daß für analoge Rohstoffe die unterschiedlichsten Handelsnamen angewendet wurden, ohne daß sich darin spezielle Eigenschaftsmerkmale widerspiegelten. Unsicherheiten, die durch das Schwanken der Rohstoffbeschaffenheit bei Lieferungen über einen längeren Zeitraum resultierten, mußten von der verarbeitenden keramischen Industrie dadurch ausgeglichen werden, daß sie ihre Produktionsmassen aus mehreren Versatzkomponenten herstellte.

Im Extrem sind dann für einzelne Massen bis zu 20 verschiedene Komponenten eingeführt worden, so daß die Schwankungen bzw. der Ausfall einer oder mehrerer Teilkomponenten in der Regel kaum noch störten. Ungünstig waren lediglich die hierdurch bedingten erhöhten Gestehungskosten.

Seit Gründung der DDR ergaben sich für unsere keramische Industrie im Zusammenhang mit der optimalen Nutzung der Bodenschätze völlig neue Aufgaben.

Die stetig zunehmende Bautätigkeit, die Vergrößerung der Hüttenwerke, der steigende Bedarf der Bevölkerung an keramischen Gebrauchsgütern sowie der Export mußten aus ökonomischen Gründen zwangsläufig zu einer zielgerichteten Entwicklung führen.

Da die DDR — abgesehen von Braunkohle, Kalisalz und Kalk — nur über eine beschränkte Rohstoffbasis verfügt, hinsichtlich hochwertiger keramischer Rohstoffe aber eines der reichsten Länder ist, wird gerade dem weiteren Ausbau dieses Industriezweigs auch in der Perspektive noch eine große Bedeutung zukommen.

Von der ehem. Staatlichen Geologischen Kommission sind im Auftrage der Ministerien, VVB und örtlichen Dienststellen der Bezirke und Kreise seit 1950 Jahr für Jahr umfangreiche Erkundungsarbeiten auf Kaoline, Tone und Ziegellehme ausgeführt worden. Diese Arbeiten waren in den ersten 10 Jahren meist Eilaufträge zum Nachweis ausreichender Rohstoffbasen für volkswirtschaftlich dringend erforderliche Industrieneubauten bzw. Rekonstruktionsmaßnahmen und bestehende Werke. Meistens konnte dabei der heute übliche Erkundungsturnus, der sich in Sucharbeiten, Vorerkundung und Objekterkundung mit zwischenzeitlicher Unterbrechung der Bohrarbeiten gliedert, nicht eingehalten werden. Durch das Überspringen einzelner Erkundungsstadien sowie durch das Fehlen wissenschaftlich begründeter und komplexer Industriekonditionen blieb aber oft die Gesamtlagerstättensituation ungeklärt. So kam es früher auch vor, daß Rohstoffe

[1]) Eingang des Manuskripts in der Redaktion: 11. Mai 1964

aus zeitlichen Gründen mitunter nur für einen bestimmten Verwendungszweck bemustert wurden.

Folge hiervon war, daß Industrieneubauten nicht immer am günstigsten Standort errichtet bzw. Rohstoffe nicht optimal genutzt werden konnten. Der obengeschilderte Zustand kann von der erkundungsmethodischen Seite her seit einigen Jahren als überwunden gelten.

Die Rohstoffbemusterung erfolgte von den einzelnen Laboratorien in recht unterschiedlicher Weise. Da auch die speziellen Untersuchungsverfahren nicht einheitlich waren, ergaben sich bei Kontrollbestimmungen in Fremdlaboratorien fast ständig Diskrepanzen. Machte sich aus irgendwelchen Gründen nach Abschluß der geologischen Erkundungsarbeiten eine Umbewertung der Rohstoffe für einen anderen Verwendungszweck notwendig, dann mußten — da es allgemein auch nicht üblich war, ausreichende Duplikatproben aus den Bohrungen aufzubewahren — erneut Bohrarbeiten angesetzt werden.

Aus den obengeschilderten, nicht immer vermeidbaren Unzulänglichkeiten im Vorstadium des Ausbaus einer zentral koordinierten keramischen Industrie in der DDR sowie der Tatsache, daß die Keramik erst seit kurzer Zeit wissenschaftlich betrieben wird und demzufolge noch nicht in der Lage ist, in jedem Fall eine begründete Entscheidung über die optimale Nutzungsmöglichkeit eines Rohstoffs zu treffen, waren die im Abschnitt 2 beschriebenen Maßnahmen erforderlich.

2. Forderungen an die geologische Erkundung und die Rohstoffbemusterung

Systematische Erkundung sämtlicher lagerstättenhöffigen Gebiete durch Sucharbeiten und — entsprechend den speziellen Anforderungen der Industrie — nachfolgende Vor- und Objekterkundungen

Auf diesen Punkt soll hier nicht näher eingegangen werden, da derselbe bereits von einem Autorenkollektiv ausführlich behandelt worden ist (TISCHENDORF u. a. 1962). Erwähnt werden muß jedoch, daß sich in diesem Zusammenhang das Anlegen von Lagerstättenmagazinen erforderlich macht, in denen in verschiedenartigen Behältern (Pappkartons, Kisten usw.) ausreichendes Reservematerial von Bohrproben für Nachfolgeuntersuchungen und eventuelle Lagerstättenneueinschätzungen aufbewahrt wird. Von der Fachgruppe Kaolin und Ton des VEB Geologische Erkundung Süd, Freiberg, werden solche Archive — meist auf Gelände der an der Erkundung interessierten Betriebe — seit 1956 angelegt. Sie haben bereits in vielen Fällen dazu beigetragen, nochmalige kostspielige Bohrungen an gleicher Stelle einzusparen.

Standardisierung der Prüfverfahren zwecks eindeutiger Charakterisierung der keramischen Rohstoffe

Mit dieser Aufgabe befaßt sich seit 1962 der ehemalige Fachunterausschuß und jetzige Fachausschuß Rohstoffe der Kammer der Technik. In dieser überbetrieblichen Arbeitsgemeinschaft sind Fachleute aus der Praxis und den Wissenschaftlich-Technischen Zentren der maßgeblich interessierten VVB wie Bau- und Grobkeramik, Feuerfestindustrie, Keramik, Technische Keramik sowie den Betrieben und Instituten der VVB Feste Minerale vertreten.

Der Fachausschuß Rohstoffe hat sich u. a. das Ziel gestellt, DDR-Standards zu erarbeiten, die — im Gegensatz zu den Fachbereichsstandards — durch Vereinheitlichung von Prüfmethoden und -geräten für alle beteiligten Industriezweige Gültigkeit haben und zu reproduzierbaren Werten führen.

Nachstehend wird eine Aufstellung der nach unserer gegenwärtigen Kenntnis für eine eindeutig vergleichende Bewertung von Kaolin- und Tonrohstoffen notwendigen und deshalb zur Standardisierung (als TGL-Blätter) vorgesehenen Verfahren zur Herstellung von repräsentativen Durchschnittsproben sowie der Prüfverfahren gegeben.

Bis Ende 1964 wird die Festlegung der Hauptverfahren einen gewissen Abschluß erlangen. Man ist sich allerdings darüber im klaren, daß einzelne Standards wohl noch mehrfach überarbeitet werden müssen:

Probenahme von keramischen Rohstoffen und Gemengen — TGL 4327

In diese TGL muß noch die geologische Probenahme (aus Bohrungen und Aufschlüssen) eingearbeitet werden.

Bestimmung des Aussehens der Rohstoffe — TGL 12583

Bestimmung der Kornklassen (durch Prüfsiebung bzw. Sedimentation)

Trockensiebanalyse	— TGL 12585/1
Naßsiebanalyse	— TGL 12585/2
Sedimentationsanalyse	— TGL 8966

An diesen TGL sind Überarbeitungen notwendig.

Chemische Untersuchungen

a) Technische Silikatanalyse

Herstellung der Endproben	— TGL 13585
Bestimmung des Glühverlustes	— TGL 12584
Bestimmung von SiO_2 (bis 90%)	— TGL 15636
(über 90%)	— TGL 13716
Bestimmung von Al_2O_3 (gravimetrisch)	— TGL 13584/1
Bestimmung von TiO_2 (kolorimetrisch)	— TGL 9340/1
Bestimmung von Fe_2O_3 (mit Titan-III-Chloridlösung)	— TGL 13717
Bestimmung von CaO und MgO für Material mit max. 90% SiO_2	— TGL 20425 (in Vorbereitung)
Bestimmung von Na_2O und K_2O (flammenphotometrisch) ohne Rahmenlösung	— TGL 9339/1

Aus den durch technische Silikatanalyse gemäß o. a. TGL ermittelten chemischen Daten kann im Bedarfsfall nach TGL 14931 auch die sog. „rationelle Analyse" berechnet werden. Der rationellen Analyse kommt jedoch keine wissenschaftlich fundierte Bedeutung zu, da die der Berechnung zugrunde gelegten Annahmen, „daß in den Tonen bzw. Kaolinen neben Kaolinit nur Quarz und Feldspat auftreten", nur selten zutreffen. Mit dieser Methode ist kein realer Vergleich verschiedener Rohstoffe möglich.

b) Sonstige Untersuchungen

Bestimmung des Schwefelsäureanhydrits (SO_3, gravimetrisch)	— TGL 154—5001
Perkolationsverfahren zur Bestimmung der löslichen Salze	— TGL 154—5000

Technologische Untersuchungen

Bestimmung des Anmachwassers nach PFEFFERKORN	— TGL 18887 (in Vorbereitung)
Bestimmung des Enslinwertes	— TGL 18884 (in Vorbereitung)
Bestimmung der Trockenbiegefestigkeit (vor Anwendung muß noch eine TGL über einheitliche Herstellung der Prüfkörper erarbeitet werden)	— TGL 18883
Bestimmung des brenntechnischen Verhaltens (Herstellung der Prüfkörper, Aufheizgeschwindigkeit)	— TGL 154—2002 bis 2004 (in Vorbereitung)
Bestimmung von Wasseraufnahme, Rohdichte, offener und Gesamtporosität	— TGL 9358
Bestimmung der linearen Schwindung (Trocken-, Brenn- und Gesamtschwindung)	— TGL 8965 (in Vorbereitung)
Bestimmung der Brennfarben allgemein (Aussehen)	— TGL 12583
Weißgradmessung weißbrennender Scherben (mit Zeiß-Leukometer u. Blaufilter)	— TGL 7476
Bestimmung des Pyrokegels (PK-Wert)	— TGL 9342
Bestimmung der linearen Wärmedehnung	— TGL 14935

Nachfolgend werden noch einige Bestimmungsmethoden aufgeführt, denen Erzeugnisse unterzogen werden können:

Bestimmung der Druckfeuerbeständigkeit (DFB)	— TGL 13713
Bestimmung der Temperaturwechselbeständigkeit	— TGL 0—1068
Bestimmung der Schlackenbeständigkeit	— TGL 0—1069
Bestimmung der Säurebeständigkeit (am Scherben)	— TGL 11842
Bestimmung der Säurelöslichkeit (an gekörntem Material)	— TGL 13718

Die obenangeführten Prüfmethoden sind die wesentlichsten für die Untersuchung von Kaolin- und Tonrohstoffen.

Analoge Prüfmethoden werden auch für andere Spezialrohstoffe wie z. B. Quarzit, Dolomit usw. ausgearbeitet. Über Stand und Verbindlichkeit der Standardisierung bringen die Gesetzblätter der DDR laufend Berichtigungen und Ergänzungen (siehe z. B. Gesetzblatt III vom 25. 2. 1963, Anordnung Nr. 245).

Über Spezialuntersuchungen, wie z. B. Ermittlung der optimalen Aufbereitung von Kaolinen, Bestimmung der Gießbarkeit, der Trockenempfindlichkeit, der thixotropen Eigenschaften und des pH-Werts, sowie über Bleichversuche soll hier nichts weiter ausgeführt werden.

Eine eindeutige Charakterisierung der Einsatzmöglichkeit eines Rohstoffs in einem der keramischen Industriezweige ist meist schon nach den Ergebnissen von brenntechnischem Verhalten, Kornklassenbestimmungen u. ggf. chem. Untersuchungen möglich. Ergeben diese Grunduntersuchungen, daß es sich um hochwertige Rohstoffe handelt, dann werden im allgemeinen noch Nachfolgeuntersuchungen im Labormaßstab nach den o. g. Methoden durchgeführt, die zur komplexen Rohstoffeinschätzung führen. Es sollte auch überprüft werden, welche Aussagen durch quantitative Mineralanalysen einzelner Kornfraktionen nach verschiedenen Verfahren zu erzielen sind.

Vor Errichtung von Industrieneubauten bzw. umfangreichen Rekonstruktionsmaßnahmen sind des weiteren Nachfolgeuntersuchungen im kleintechnischen Maßstab bzw. als Großversuche in der Industrie unerläßlich, da sich die Ergebnisse von Laboruntersuchungen nur bedingt auf den Industriemaßstab übertragen lassen. Auch hier ist eine Standardisierung erforderlich.

Gerade die Unterschätzung der Notwendigkeit von Großversuchen hat in den vergangenen Jahren in der Industrie manchmal zu volkswirtschaftlich kostspieligen Fehlschlägen geführt. An dieser Stelle sei noch darauf hingewiesen, daß die Rohstoffuntersuchungskosten (einschließlich kleintechnischer und Großversuche) im allgemeinen nur einen Bruchteil der Investkosten für einen Industrieneubau betragen.

Aufstellung wissenschaftlich begründeter Konditionen für die geologischen Erkundungsarbeiten und die Abgrenzung bauwürdiger, d. h. mit volkswirtschaftlichem Gewinn ausbeutbarer, Lagerstätten keramischer Rohstoffe

Die Tatsache, daß die keramischen Rohstoffe bis zum heutigen Tag vorwiegend noch nach „Verkaufsnamen" und nicht nach Qualitätsmerkmalen gehandelt werden, ergibt zwangsläufig in Rohstofffragen zwischen den einzelnen Industriezweigen Verständigungsschwierigkeiten. Die Standardisierung der Prüfverfahren ebnet hier den Weg für eine erste Annäherung. Trotzdem sind damit noch nicht alle Schwierigkeiten überwunden, da im einzelnen heute überhaupt noch nicht übersehen werden kann, welche Eigenschaften insgesamt ein Rohstoff für den jeweiligen Spezialverwendungszweck unbedingt haben muß. Die Festlegungen der Mindestmächtigkeit und des Grenzverhältnisses „Abraum zu Nutzschicht" sowie des Erkundungsabstands für die verschiedenen Rohstoffe und Lagerstättentypen zwischen den VVB, der Zentralen Vorratskommission und der ehem. Staatlichen Geologischen Kommission waren hierzu im Vergleich wenig problematisch.

Erste Vorstellungen über die Rohstoffkonditionen von der VVB Feuerfestindustrie und der ehemaligen VVB Steine und Erden wurden zusammen mit der 1. Ton-Instruktion der Zentralen Vorratskommission im Heft 11/62 der „Zeitschrift für angewandte Geologie" publiziert. Die VVB Bau- und Grobkeramik, Feuerfestindustrie, Keramik sowie Technische Keramik haben inzwischen auf der 1. Arbeitstagung des Fachunterausschusses Tone Anfang Februar 1964 in Dresden weitere Güterichtwerte für die Erkundung von Tonen vorgelegt, die nach nochmaliger Überarbeitung probeweise zur Anwendung empfohlen werden sollen (als TGL 154—2008).

Neben den Schamotte- und Bindetonen für die Feuerfestindustrie sind hier auch die Tonrohstoffe für die anderen Industriezweige erfaßt. Kaolinkonditionen sind ebenfalls in Vorbereitung. Es ist verständlich, daß die Güterichtwerte von Zeit zu Zeit überarbeitet werden müssen.

Die bisherigen Rohstoffkonditionen stützen sich allgemein auf empirische Daten der Hauptprüfverfahren wie Kornverteilung, chemische Analyse und Brennverhalten (meist SK-Werte). Man ist sich vollauf bewußt, daß die Problematik hiermit nur eine vorläufige Lösung erfahren hat. Eindeutige Konditionen lassen sich jedoch nur dann formulieren, wenn von einem Großteil der in der Industrie mit Erfolg eingesetzten keramischen Rohstoffe Kennblätter vorliegen.[2]) Diese Rohstoffkennblätter müssen dann systematisch und sehr

[2]) „Silikattechnik", H. 4, S. 107, Berlin 1962

kritisch nach den verschiedensten Gesichtspunkten (wie Verwendungszweck der Rohstoffe, Streubereich einzelner Daten von langjährig in der Praxis bewährten Rohstoffen, quantitative mineralogische Zusammensetzung usw.) ausgewertet werden.

Erarbeitung von Rohstoffblättern sämtlicher in der Praxis eingeführter sowie von der ehem. Staatlichen Geologischen Kommission erkundeter keramischer Rohstoffe

Der Fachausschuß Rohstoffe der KdT hat sich dieser Aufgabe seit Anfang 1963 als Schwerpunkt angenommen. Eine Erarbeitung von Rohstoffkennblättern ist besonders für die Industrie und die Großhandelsbetriebe von Bedeutung. Diese Rohstoffkennblätter würden auch dazu beitragen, daß der GHB feuerfeste Erzeugnisse Meißen, von dem gegenwärtig über 70 Tonsorten gehandelt werden, umfassend über die Rohstoffqualitäten orientiert wird.

Eine rationelle Ausnutzung der in Abbau befindlichen Lagerstätten, die Einflußnahme auf sinnvolle Investitionen und zweckmäßige Warenstreuung (gerade Tone werden häufig spazieren gefahren!), die Herstellung von Rohstoffgemischen mit optimalen Eigenschaften (wie es z. B. von der ČSSR mit dem sogenannten Zettlitzer Standardkaolin geschieht) sowie der Abschluß devisenbringender Exportverträge sind aber ohne eindeutige Rohstoffcharakterisierung überhaupt nicht denkbar. Auch muß sich in Zukunft die Verarbeitungstechnologie mehr nach den Rohstoffen richten, d. h., es muß Schluß sein damit, daß auf Grund veralteter Technologien Rohstoffe nicht mit größtmöglichem Nutzen eingesetzt werden. Bei Vorhandensein einer exakten Rohstoffcharakterisierung und Anwendung einer wissenschaftlich begründeten Industriepreisreform könnte auch die Rentabilität der Abbau- und Verarbeitungsbetriebe besser eingeschätzt werden. (Die derzeit durchgeführten Industriepreisreformen für Tone und Kaoline können bereits als Anfang einer Lösung dieses Problems angesehen werden.)

Um der Industrie kurzfristig zu helfen, wurde vom Fachausschuß Rohstoffe beschlossen, daß zur Erarbeitung von Rohstoffkennblättern in einer befristeten Übergangszeit auch Daten nichtstandardisierter, aber reproduzierbarer Untersuchungsverfahren herangezogen werden können, sofern diese einer kritischen Prüfung standhalten. Diese Kennblätter, in denen neben der Zahl der untersuchten Proben auch die Prüfmethoden

Tabelle 1. Korngrößenbestimmungen

Probe-Nr. Material Dichte g/cm³	GB 32/248 Kaolin 2,63		GB 35/249 Kaolin 2,66		GB 64/261 Ton 2,55		GB 66/263 Ton 2,43		GB 67/264 Ton 2,57		GB 68/265 Ton 2,56	
	Rückstand in Masseprozenten											
Schnitt bei µm	roh	≦ 63 µm = 100%	roh	≦ 63 µm = 100%	roh	≦ 63 µm = 100%	roh	≦ 63 µm = 100%	roh	≦ 63 µm = 100%	roh	≦ 63 µm = 100%
2000	2,0		1,5		–		–		–		0,5	
630	15,0		14,5		2,0		1,5		0,3		10,0	
200	35,2		36,1		12,3		2,6		3,4		23,9	
63	39,6		43,2		16,4		3,4		8,1		32,3	
35	42,0	4,0	49,0	10,2	20,5		3,9		11,8		34,3	
20	50,0	17,2	57,0	24,3	29,5		5,6		21,0		37,0	
11	60,0	33,8	66,6	41,2	42,0		12,1		36,0		39,2	
6,3	69,5	49,5	75,2	56,3	55,3		22,0		49,8		42,6	
3,5	80,8	68,2	84,0	71,8	60,0		28,9		59,0		46,2	
2,0	91,0	85,1	90,0	82,4	64,0		30,0		64,0		50,0	

Tabelle 2. Silikatanalysen

Probe-Nr. Labor-Nr.	G 1 4261		G 2 4262		G 3 4263		G 4 4264		G 5 4265		G 6 4266	
Bohrung-Nr. Teufenbereich (m) Material	201/62 8,6–11,8 Ton		201/62 11,8–12,6 Ton		201/62 12,6–16,5 Ton		201/62 16,5–20,2 Ton		201/62 21,9–27,8 Ton		202/62 6,4–9,5 Ton	
	g.	u. g.	g.	u. g.	u. g.	g.	u. g.	g.	u. g.	g.	u. g.	g.
Glühverlust	11,3	–	11,5	–	10,7	–	10,3	–	8,0	–	11,9	–
SiO_2	51,0	57,5	45,9	51,9	53,2	59,5	53,6	59,8	63,3	68,8	48,2	54,6
Al_2O_3	31,1	35,1	31,9	36,1	28,2	31,6	28,5	31,8	22,1	24,0	32,4	36,8
TiO_2	2,9	3,2	3,2	3,6	2,7	3,0	2,4	2,7	2,1	2,3	2,3	2,6
Fe_2O_3	2,6	2,9	2,9	3,3	2,3	2,6	2,3	2,6	2,3	2,5	2,4	2,7
CaO	0,6	0,7	0,7	0,8	0,6	0,7	0,6	0,7	0,6	0,7	1,1	1,3
MgO	0,4	0,4	1,1	1,2	0,5	0,6	0,4	0,4	0,4	0,4	0,4	0,5
Na_2O	0,1	0,1	0,1	0,1	0,1	0,1	0,1	0,1	0,1	0,1	0,1	0,1
K_2O	1,1	1,2	1,3	1,5	1,3	1,5	1,2	1,3	1,2	1,3	1,4	1,6
Summe:	101,1	101,1	98,6	98,5	99,6	99,6	99,4	99,4	100,1	100,1	100,2	100,2
$Al_2O_3 + TiO_2$	34,0	38,3	35,1	39,7	30,9	34,6	30,9	34,5	24,2	26,3	34,7	39,4
Fe_2O_3 + Alk. + Erdalk.	4,8	5,3	6,1	6,9	4,8	5,5	4,6	5,1	4,6	5,0	5,4	6,2

Tab. 3. Brenntechnische Untersuchungen

Probe-Nr.	G 1	G 3	G 4	G 5	G 6	G 7
Material	Ton	Ton	Ton	Ton	Ton	Ton
Anmachwasser %	33,3	33,4	38,4	33,3	32,0	40,0
Trockenschwindung %	11,6	9,2	7,8	9,6	10,8	10,6
Plastizitätszahl			42,1			43,6
Enslinwert			120			125
Trockenbiegefestigkeit kp/cm²			37,4			38,0
Brennschwindung %						
900 °C	0,7	1,8	0,9	1,1	3,4	2,9
1000	2,0	5,9	3,3	2,7	6,7	7,4
1100	10,3	13,1	8,5	7,8	15,0	13,9
1200	11,3	14,3	9,2	9,9	14,8	14,8
1300	12,7	10,8	12,6	9,9	13,5	12,8
1350	13,4	10,6	10,8	10,2	11,7	12,1
Gesamtschwindung %						
900 °C	12,2	10,8	8,6	10,6	13,8	12,2
1000	13,4	14,6	10,8	12,0	16,8	17,6
1100	21,0	21,1	16,3	16,6	24,2	23,0
1200	21,0	22,2	18,1	13,5	24,0	23,8
1300	22,2	19,0	19,4	18,5	22,8	22,0
1350	23,4	18,8	17,8	18,8	21,2	21,4
Wasseraufnahme %						
900 °C	24,0	24,9	23,5	20,5	24,3	25,0
1000	20,8	18,7	21,0	19,6	18,1	18,1
1100	3,4	4,7	6,3	12,1	0,9	3,5
1200	1,2	0,7	2,4	8,3	0,8	0,5
1300	1,3	2,0	2,5	6,3	1,5	2,8
1350	1,1	3,0	3,1	4,6	1,9	3,0
Brennfarbe						
900 °C	graugelb	gelb	gelb	gelb	h-gelbbraun	weiß
1000	graugelb	gelb	gelb	gelb	h-gelb	h-gelbbraun
1100	gelb	gelb	gelb	gelb	h-graugrün	gb. innen, schwarz
1200	graugrün	graugrün	graugrün	d-gelb	graugrün	gr.-grün, innen schwarz
1300	braungrün	braun	d-grau	h-braun	d-graugrün	d-graugrün
1350	d-grau	d-grau	d-grau	d-graubraun		
Klinkerpunkt °C	1090	1090	1105	1315	1070	1080
Sinterpunkt °C	1160	1165	–	–	1095	1140
PK-Wert						170
Bemerkungen					vereinzelt d-braune Ausschmelzungen	d-graue Ausschmelzungen

anzuführen sind, müssen dann zu einem späteren Zeitpunkt nochmals überarbeitet werden.

Vom Fachausschuß Rohstoffe wurden bisher je vier Kennblätter von Kaolin- und Tonlagerstätten erarbeitet. Je fünf weitere sind gegenwärtig in Arbeit bzw. werden in Kürze zum Abschluß kommen. Der Druck der Rohstoffkennblätter ist in Regie des Amtes für Standardisierung vorgesehen.

3. Vorschläge für die Auswertung von Untersuchungsergebnissen

An dieser Stelle sei noch einiges zur Auswertung der Untersuchungsergebnisse gesagt, die von den Laboratorien an den aus der geologischen Erkundung stammenden Bohrproben ermittelt werden. Bei größeren Objekten fallen meist über 100 Proben an. Sofern gleichmäßige Beschaffenheit und Lagerung vorliegen, werden bei Kaolin allgemein in 6- bis 12-m-Bereichen und bei Ton in 3- bis 6-m-Bereichen Mischproben hergestellt. Beträgt der Erkundungsabstand 200 m × 200 m (z. B. Vorerkundung des Lagerstättentyps 2), dann dokumentiert eine Probe ca. 0,5 bis 1 bzw. 0,25 bis 0,5 Millionen Tonnen Vorräte. Um in Zukunft bei geologischen Erkundungsarbeiten auf keramische Rohstoffe eine einheitliche und kurzfristige Ausarbeitung der Ergebnisberichte zu gewährleisten, in denen die für die Vorratsberechnung wichtigen Untersuchungsdaten so übersichtlich angeordnet und ausgewertet sind, daß sie neben einer schnellen Orientierung gleichzeitig die Grundlage für Rohstoffkennblätter bilden können, wird folgendes empfohlen:

Die Erkundungsbetriebe bzw. VVB vereinbaren mit den Laboratorien, daß die Ergebnisse der Serienuntersuchungen von diesen etappenweise (z. B. monatlich oder vierteljährlich) in Tabellenform auf vervielfältigungsfähigen Transparentvordrucken geliefert werden (s. Tab. 1 bis 3). Da die geologischen Ergebnisberichte meist in größerer Anzahl ausgefertigt werden müssen (ca. 5 bis 10 Exemplare), lassen sich hierdurch — besonders bei größeren Erkundungsobjekten — umfangreiche und doppelte Schreib- und Kontrollarbeiten vermeiden.

Die Kornverteilung wird in den Tabellen als Rückstandssumme der bei den jeweiligen Schnitten anfallenden Massenprozente angegeben. Zwischen den einzelnen

Schnitten sind geometrisch gleiche Stufensprünge einzuhalten.

Bei der Ermittlung des Grobkorns genügen im allgemeinen Angaben für 0,063 mm (Grenze Grobschluff / Feinsand), für 0,2 mm (Grenze Feinsand/Mittelsand), für 0,63 mm (Grenze Mittelsand/Grobsand) und für 2,0 mm (Grenze Sand/Kies). Im Bedarfsfall können Zwischenwerte bestimmt werden.

Bei der Feinkornbestimmung durch Sedimentation sollten die in Anlage 1 aufgeführten Schnitte angegeben werden. Die Werte 3,5, 11 und 35 µm sind absichtlich gerundet, um die graphische Auswertung zu vereinfachen.

Bei Kaolinen empfiehlt es sich, zusätzlich die Feinkornanteile unter 0,063 mm auf 100% umzurechnen.

Die technische Silikatanalyse soll nur auf eine Dezimale angegeben und von den Laboratorien auf geglühte Substanz = 100% umgerechnet werden, da sich die Industriekonditionen durchweg auf geglühte Substanz beziehen. Für die geforderte Genauigkeit ist eine Umrechnung mit 30-cm-Rechenschieber ausreichend. Durch Elimination des Glühverlustes, der mineralogisch (vorwiegend durch Kristallwasser) und zum Teil auch

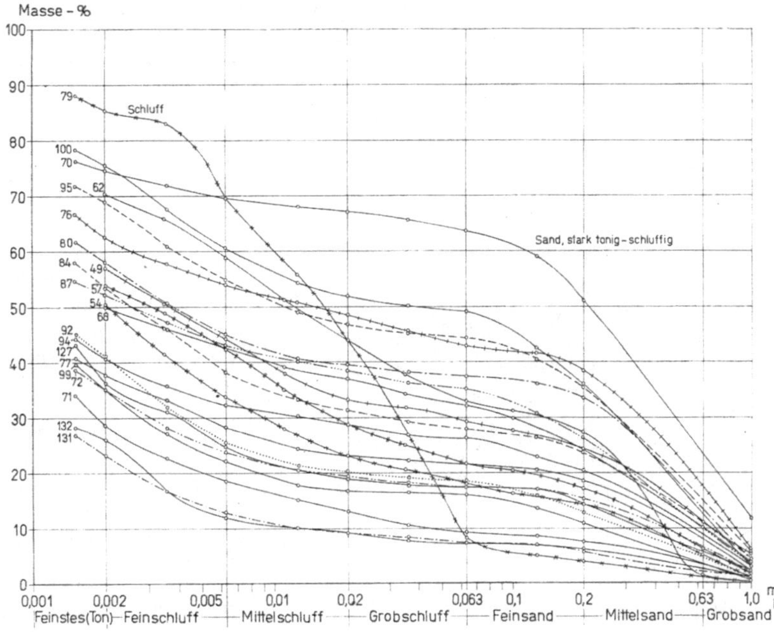

Abb. 2. Objekt Groß Saubernitz 1962/1963. Rückstandssummenkurven der Kornverteilung vom Hauptmagertonlager

Proben 72, 131 und 132 belegen Übergangsschichten zum Hauptfettonlager

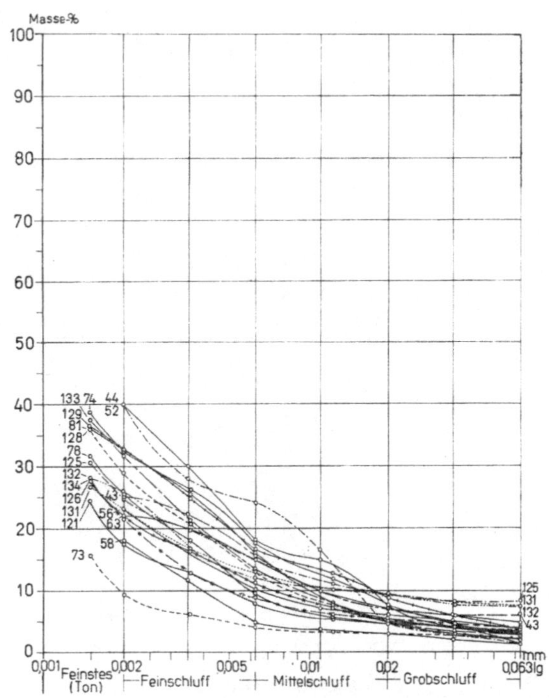

Abb. 1. Objekt Groß Saubernitz 1962/1963. Rückstandssummenkurven der Kornverteilung vom Hauptfettonlager

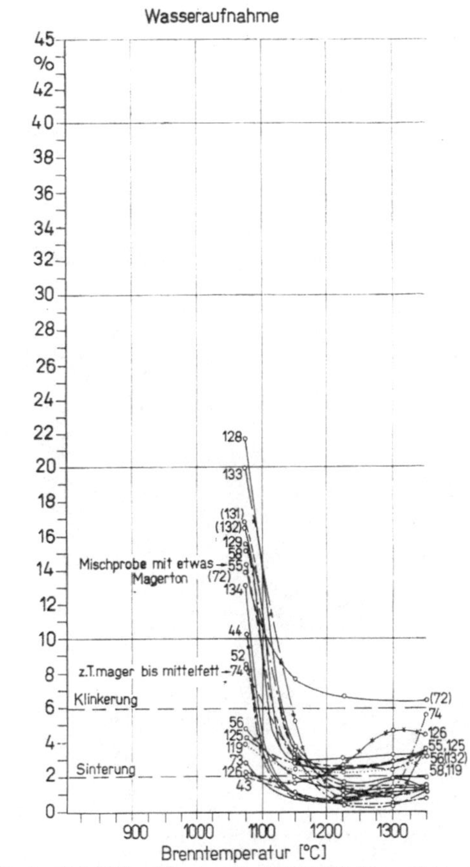

Abb. 3. Objekt Groß Saubernitz 1962/1963, Hauptfettonlager

Proben 72, 131 und 132 belegen Übergangsschichten zum Hauptmagertonlager

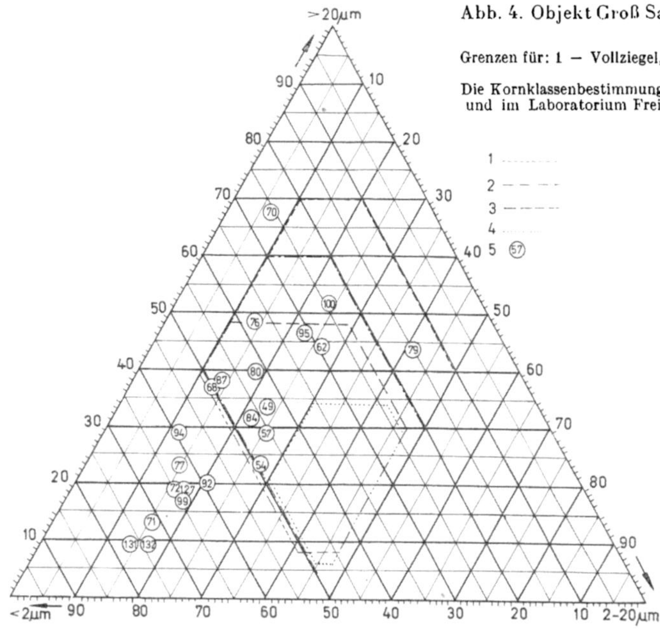

Abb. 4. Objekt Groß Saubernitz 1962/1963. Kornverteilung nach WINKLER vom Hauptmagertonlager

Grenzen für: 1 — Vollziegel, 2 — Gitterziegel, 3 - Dachziegel, 4 — Hohlware, 5 — Probenummer
Die Kornklassenbestimmungen wurden im Institut für angewandte Mineralogie, Dresden, und im Laboratorium Freital vorgenommen. Bearbeiter: HEMPEL und Dipl.-Geol. WOLF

durch organische Beimengungen bedingt ist, werden vergleichbare Werte geschaffen.

Die Ergebnisse der technologischen bzw. brenntechnischen Untersuchungen sind ebenfalls maximal auf eine Dezimale gemäß Anlage 3 auszuwerten. Bei den brenntechnischen Untersuchungen sollten die einzelnen Brennstufen allgemein **mindestens** 100°C Abstand haben. Die Brennfarben sind in den genormten Kurzformen gemäß TGL 12583 anzugeben.

Den Weg für eine maßstäblich analoge graphische Auswertung der Ergebnisse der Kornverteilung und des brenntechnischen Verhaltens in allen Erkundungsbetrieben und der keramischen Industrie sollen die Abb. 1 bis 6 (im Original DIN-A-4- bzw. DIN-A-3-Größe) zeigen.

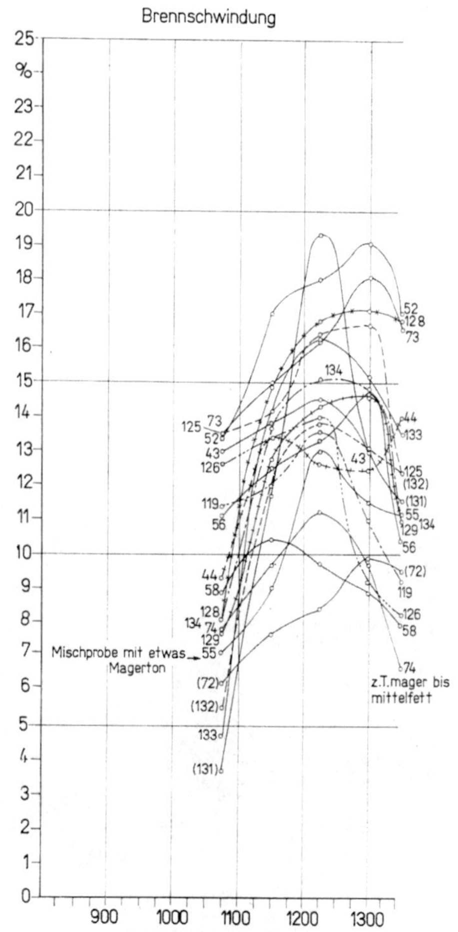

Abb. 5. Dasselbe wie Abb. 3

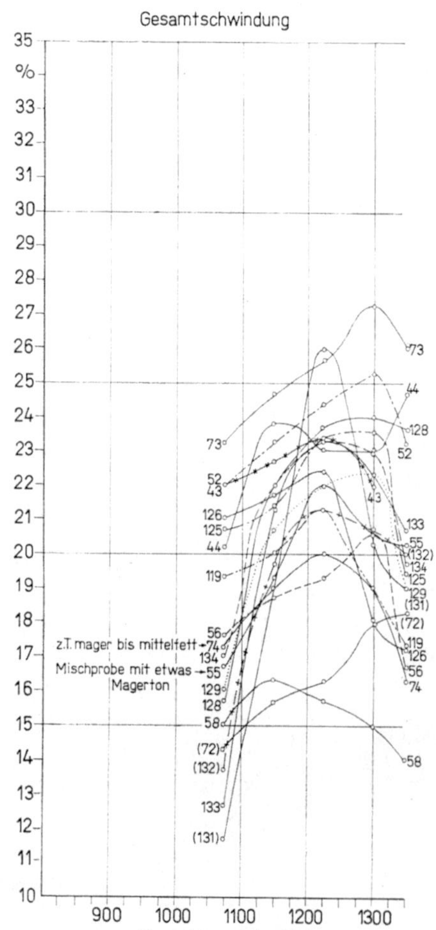

Abb. 6. Dasselbe wie Abb. 3

Zeitschrift für angewandte Geologie, Bd. 10 (1964) Heft 11

Auf diese Weise wird gegenwärtig die Auswertung von Untersuchungsergebnissen keramischer Rohstoffe vom VEB Geologische Erkundung Süd, Freiberg, vorgenommen.

Die Konstruktion der Rückstandssummenkurven der Kornverteilung erfolgt dabei auf einfach logarithmisch geteiltem Papier, wie es unter der Bestellnummer 496 von der Firma Schäfer, Plauen (Vogtl.), beziehbar ist. Auf Formblättern gemäß Abb. 1 werden Fettone und Schlämmkaoline, gemäß Abb. 2 Magertone und Rohkaoline ausgewertet. Des weiteren wird die Kornverteilung auch vereinfacht im Dreieck nach H. G. F. WINKLER zur Darstellung gebracht (s. Abb. 4). Die Konstruktion erfolgt auf isometrischem Netzpapier.

Zur schnelleren Ermittlung und anschaulichen Darstellung der Streubereiche und Durchschnittswerte von Untersuchungsdaten verschiedener Rohstoffe bzw. Vorratsfelder werden jeweils so viele Proben auf einem Blatt ausgewertet, wie noch einigermaßen deutlich voneinander unterschieden werden können. Nach den bisherigen Erfahrungen können ohne weiteres ca. 15 bis 25 Kurven auf einem Blatt untergebracht werden.

Die Ergebnisse der brenntechnischen Untersuchungen werden graphisch auf normales Millimeterpapier aufgetragen und dann in die Transparentvorlagen der Abb. 3, 5 und 6 übernommen. Für die Auswertung der Gesamtschwindung werden dabei Vorlagen mit Ordinateneinteilung von 0 bis 25% und von 10 bis 35% verwendet.

Typische Graphika, denen Streubereiche und Mittelwerte leicht zu entnehmen sind, sollten in Zukunft allen Rohstoffkennblättern als Anhang beigefügt werden.

Zusammenfassung

Der Artikel bringt Bemerkungen über die Entwicklung der keramischen Industrie und die hierdurch bedingten Probleme der Rohstoffbewertung.

Um in Zukunft eine optimale Nutzung der Lagerstätten plastischer keramischer Rohstoffe zu ermöglichen, ist die Standardisierung der Prüfverfahren, auf deren Grundlage die Erarbeitung von Rohstoffkennblättern und die Ermittlung exakter Rohstoffkonditionen basieren, erforderlich. In diesem Zusammenhang werden Vorschläge für eine einheitliche Auswertung von Ergebnissen der an keramischen Rohstoffen durchgeführten Serienuntersuchungen unterbreitet.

Резюме

Статья содержит замечания о развитии керамической промышленности и обусловленных этим проблемах оценки сырья. С целью обеспечения в будущем оптимального освоения месторождений пластичного керамического сырья необходимой являются стандардизация способов испытания, на основе которых базирует разработка листов показателей сырья, и установление точных кондиций сырья. В связи с этим приводятся предложения по единой оценке серийных исследований, проведенных на керамическом сырье.

Summary

The article deals with the development of the ceramic industry and problems connected with an evaluation of its raw materials. A future optimum utilization of deposits containing plastic ceramic raw materials requires the standardization of test methods as a basis for the elaboration of raw-material identity sheets and determination of exact raw-material conditions. In this connection proposals are submitted for a standard evaluation of results obtained by series tests of ceramic raw materials.

Literatur

TISCHENDORF, DÖRNFELD, KRAFT & LEWIEN: Zur Frage der Definition und der Aufgaben geologischer Arbeiten in Abhängigkeit vom Untersuchungsstadium. — Z. angew. Geol., 8, S. 242, Berlin 1962.

Forschungsergebnisse über die Entstehung und Altersbestimmung ungarischer Erdöle[1)]

J. TOMOR, Budapest

Einleitung

Die Frage der Entstehung des Erdöls beschäftigt nach wie vor in aller Welt viele Forscher. Gering an Zahl sind heute die Anhänger der Theorie der anorganischen Herkunft. 1958 wurde in der Sowjetunion eine umfassende Enquête abgehalten, auf der „Das Problem der Entstehung von Erdöl und Erdgas sowie die Bedingungen seiner Entwicklung" behandelt wurden und man feststellte, daß die wirtschaftlich wichtigen Kohlenwasserstoffanreicherungen der Erde ohne Ausnahme organischer Herkunft sind. Die Methoden derjenigen wurden verurteilt, die mit gewissen Unvollkommenheiten der organischen Theorie zu Gunsten der anorganischen Theorie argumentierten. Diese ist nur geeignet, die Erdöl- und Erdgaserkundung in eine falsche Richtung zu leiten.

Erdöle sind die Extrakte der die Lagerstätten umgebenden Pelitsedimente, die Kohlenwasserstoffe von gleichem Charakter enthalten, was darauf hinweist, daß das Erdöl aus sedimentärer, organischer Substanz entstanden ist. Die Ähnlichkeit der im Erdöl und in den Sedimenten befindlichen Kohlenwasserstoffe mit einigen Komponenten der lebenden Organismen ist der Beweis dafür, daß das Erdöl eine mehr oder weniger umgewandelte Form der einst lebenden Substanz ist (TOMOR 1950).

[1)] Eingang des Manuskripts in der Redaktion: 14. 11. 1963. Auszug eines Vortrags, der an der Bergakademie Freiberg (Sa.) gehalten wurde.

Die Voraussetzung für die Entstehung des Erdöls ist deshalb die Erhaltung der abgestorbenen und sedimentierten Organismen in oxygenfreier Umgebung, so daß die bakterielle Umgestaltung der organischen Ausgangssubstanz stattfinden kann.

Die mächtige Materialproduktion einiger Meere oder Meeresteile kommt, wie allgemein bekannt ist, nicht in den Bereich der Vorgänge, die zur Ölgenese führen. Insgesamt nur 7% dieser Substanz wird den Boden des Sedimentationsbeckens in einem solchen Zustand erreichen, daß sie noch die zur Entstehung des Erdöls geeigneten Bestandteile enthalten. Nur 0,6% von diesen 7% (KREJCI-GRAF 1960) werden in die Sedimente eingeschlossen, nehmen dadurch also an der Entstehung des Erdöls teil.

Die Sedimente und Erdöle enthalten chemisch gleiche Kohlenwasserstofftypen, es sind Cycloparaffine bzw. Triterpan- und andere Isopronoid-Materialien. Die Angaben MEINSCHEINS weisen auch darauf hin, daß die Erdöle aus Fettstoffen der Organismen, aus Steroiden, Isopronoiden, entstehen. Die den überwiegenden Teil der Organismen ausmachenden Eiweißarten und Kohlehydrate spielen keine bedeutende Rolle (GRÁF 1960a). Die aus Zersetzung des Lignins entstandenen Huminverbindungen hingegen sind als kontinentale Schwemmaterialien um so wichtiger.

Bei den Untersuchungen der geochemischen Erscheinungen der Erdölgenese hat die Spurenelementforschung eine bedeutende Rolle gespielt, was die Untersuchung des Erdöls wie auch die des Muttergesteins anbelangt. So waren nach mehreren Forschern von den metallischen Elementen das Vanadium und das Nickel im Verband mit organischen Verbindungen aufschlußreich. Die Verhältniszahl der beiden Metalle wurde als charakteristisch für das Alter des Erdöls und für die Entstehungsverhältnisse befunden. Nach GREGOROWITSCH ist das V:Ni-Verhältnis im Vorland der Karpaten konstant. In den Erdölen des Ural-Wolga-Gebiets ist die Verteilung der Spurenelemente von denen in Aserbaidshan verschieden.

Es wurde festgestellt, daß sich Vanadium und Molybdän im Sapropel anreichern, während Chrom und Kobalt zurückgehen (SEYBOLD). Ähnlich fällt in den Erdölen das Chrom im Verhältnis zum Vanadium zurück.

Der Uraninhalt in den Erdölen ist im allgemeinen niedriger als in den Asphalten oder in den aus Tonmergeln extrahierten Ölen. Es wurde auch auf Grund der Spurenelemente festgestellt, daß das Erdöl aus Sapropelen und nicht aus der pelitartigen sedimentären Substanz der Gyttjafazies entstand.

Äußerst bezeichnend ist die Feststellung, daß das Erdöl während geologischer Zeiten durch gegenseitige Lösung einer Gleichgewichtsmischung zustrebt. Das Streben nach einem Lösungsgleichgewicht, wie auch die in der Migration zum Ausdruck kommende Mobilität, machen die Fragen nach Entstehung, Migration, Muttergesteinen und dem Entstehungsalter des Erdöls kompliziert und zugleich ihre Lösung unsicher. Die Geochemie kann daher die Altersfrage nicht lösen.

Es scheint nahezuliegen, daß wir im Fall des Erdöls wie bei anderen geologischen Problemen und Zeitbestimmungen ebenfalls der bewährten Methode folgen und Fossilien heranziehen.

Die Untersuchung des Fossilinhalts der Öle

Dieser Konzeption folgend hatten wir schon vor mehreren Jahren in Ungarn eine Öluntersuchung durchgeführt (TOMOR 1950, SANDERS 1937). Die Grundauffassung war die: Wenn das Erdöl wirklich aus einer biochemischen Zersetzung von einst lebenden, hauptsächlich planktonischen Organismen unter oxygenfreien Umständen entstanden ist, so müssen die nicht zersetzten oder konservierten Überreste dieser abgestorbenen und sedimentierten organischen Substanz in unseren geförderten Erdölen vorhanden sein. Diese Untersuchungen wurden neu begründet und auf die seitdem aufgefundenen ungarischen Erdöle ausgedehnt.

Durch Prüfung unserer Erdöle mit der erwähnten Methode gelang es, eine überraschend große Menge von kleinen, im Erdöl schwebenden Resten zu separieren. Untersucht wurden Erdöle aus geklüftetem Triasdolomit, aus rissigem Hippuritenkalkstein, aus oligozänem Sandstein, Tortonkalkstein, Triasdolomit, aus transdanubischem unterem Pannonsandstein sowie aus grobkörnigem, konglomeratischem Sandstein des unteren Pannons der Großen Ungarischen Tiefebene.

Das Material zu diesen Untersuchungen wurde den Sonden Nagylengyel-55, Nagylengyel-23, Demjén-4, Hahót-5, Lovászi-47, Budafapuszta-111, Pusztaföldvár-25, Battonya-25 entnommen.

Bei der Auswahl der zu untersuchenden Fördersonden galt es als eine entscheidende Vorbedingung, daß die Sonde möglichst freifließend fördert, daß darin keine Säurebehandlung, keine künstliche Rißbildung und kein Tiefpumpeneinbau stattfand, daß das geförderte Erdöl bei jeder Sonde aus Lagern von gleichem Alter kommt und daß mit dem Erdöl kein Wasser gefördert wird. Die zuverlässige Probenahme wurde für äußerst wichtig gehalten.

Die sterile Probenahme wurde durch Anwendung eines Behälters gewährleistet, der mit zwei Öffnungen versehen ist. Eine von beiden kann nach vorherigem Abblasen der Sonde an einem kleindimensionierten Ventil, möglichst dem CZUPORschen, des Eruptionskreuzes angeschlossen werden. Die zweite Öffnung dient zur Ableitung der aus dem Behälter austretenden Gase. Das in dieser Weise im Behälter gesammelte Erdöl wird von jeweiligen Verunreinigungen der Außenwelt frei sein. Nach Schließen beider Hähne kann das Erdöl steril aufbewahrt werden.

Wenn es zur obenangeführten Probenahme keine Möglichkeit geben sollte, muß mit größter Sorgfalt auf die Vermeidung von äußerlichen Verunreinigungen geachtet werden. Das Vermeiden von Verunreinigungen sollte auch bei den weiteren Arbeitsvorgängen gesichert sein.

Von den genannten Erdölsorten sind die der Sonden Nagylengyel-55, Nagylengyel-23, Pusztaföldvár-25 und Battonya-25 solche, die vor der Untersuchung Verdünnungsmittel in bedeutender Menge beanspruchen. Zu diesem Zweck wurden gewisse Destillate, Erdölfraktionen, in erster Linie Petroleum und Benzin, verwendet. Die Öle der Sonden Hahót-5, Budafapuszta-111, Lovaszi-47 und Demjén-4 brauchen keine Verdünnungsmittel, da sie niedrige Siedepunkte haben und dünne Öle von niedriger Viskosität sind.

Die wichtigsten Daten der Analyse der untersuchten Erdöle sind in der Tabelle zusammengestellt.

Methodik der Probenahme und Untersuchung

Nach der Vorbereitung der Erdölproben zur Untersuchung wurden die sich im Erdöl in schwebendem Zustand befindlichen, mikroskopisch kleinen Überreste angesammelt.

Aus dem vorbereiteten Erdöl werden 1000 cm³ verwendet. Dieselbe Menge soll auch im Fall einer Verdünnung genommen werden. Die Verwendung von gleichen Erdölmengen ist auch deshalb empfehlenswert, weil ein Vergleich des in dieser Weise erhaltenen Untersuchungsmaterials für die einzelnen Ölsorten charakteristisch sein kann.

Die Ansammlung der fossilen Überreste in mikroskopischen Dimensionen erfolgt durch Filtrierung der Erdöle. Das Filter besteht aus einer Porzellanplatte, die mit einer etwa 2—3 cm dicken, mit destilliertem Petroleum angefeuchteten Kochsalzschicht bedeckt wird. Nach einer durch Vakuumsaugen mit Petroleum durchgeführten Spülung der Filterfläche kann mit der Filtration begonnen werden. Das verdünnte Erdöl wird kontinuierlich, die Filtrieroberfläche nicht aufrührend, auf das Filter gebracht, wobei der Verlauf des Arbeitsvorgangs durch langsames Vakuumsaugen gefördert wird.

Nach Durchsaugen ausreichender Mengen von Erdöl wird gründlich gewaschen. Das während der Filtrierung an der Kochsalzoberfläche anhaftende Erdöl muß restlos entfernt werden, was oft 4 bis 6 Stunden dauert. Zum Waschen benutzt man destilliertes Petroleum, Benzin, später Gaskondensate oder Stabilgasolin so lange, bis die Filterfläche gesäubert ist und die durchlaufenden Lösungsmittel rein bleiben.

Das Kochsalz löst man in warmem destilliertem Wasser auf, die Überreste der Mikroorganismen werden vom NaCl getrennt. Sie schweben, nach ihrem spez. Gewicht getrennt, in der Lösung.

Mittels der Mikrofilter (TOMOR 1950) mit den feinsten Schottoberflächen kann das Kochsalz ebenfalls durch mildes Vakuumsaugen und bei kontinuierlicher Spülung mit destilliertem Wasser vollkommen entfernt werden. Die abfiltrierten Überreste der Mikroorganismen werden in 96%igem Alkohol gesammelt. Das alkoholige Material darf nicht zu dünn sein. Es enthält die von verschiedenen Stellen der Kochsalzsuspension stammenden, nach dem spezifischen Gewicht separierten Überreste getrennt voneinander.

Aus dem so vorbereiteten Material werden Präparate zu mikroskopischen Untersuchungen hergestellt. Auf einen Objektträger bringt man phenolhaltige Gelatine, die durch milde Erwärmung schmilzt und die mit dem Präparat vermischt wird.

Eine Färbung der Präparate ist erfahrungsgemäß nicht notwendig. Für chemische Behandlung, Lösungsversuche und eventuelle Färbungen lassen sich natürlich die Gelatinepräparate nicht anwenden. In solchen Fällen läßt man den auf den Objektträger aufgebrachten Tropfen des alkoholigen Materials rasch verflüchtigen. Es bleiben dann die Überreste an der Glasplatte haften. Die im Erdöl befindlichen Überreste sind im allgemeinen kleindimensioniert, so daß sie nur mit 300—600facher Vergrößerung, größtenteils mit Ölimmersion, zu untersuchen sind. Infolge ihrer Kleinheit und der großen Mengen ist es notwendig, sofortige photographische Aufnahmen der wichtigen Formen anzufertigen.

Zeitschrift für angewandte Geologie, Bd. 10 (1964) Heft 11

Tabelle

Sonde	1 Produzierender Abschnitt	2 Kennzeichnung der Lagerstätte	3 Daten der Analyse Viskosität	Stockpunkt	Benzin	Petr.	Gasöl	Pakura
NL-55	2014–2226 m	Triashauptdolomit	160,2 E°/50	– 2 °C	2,95	8,16	5,92	82,2
NL-23	1967–2979 m	Obere Kreide, Hippuritenkalkstein	27,4 E°/50	– 7 °C	3,7	7,5	3,9	84,7
De-4	302 – 307 m 292 – 295 m 278 – 280 m	Oligozän, Rupelsandstein	4,6 E°/38	155,5 °C	4,82	14,3	10,8	69,8
H-5	1402,8–1429 m	Tortonkalkstein, Triasdolomit	3,6 E°/15	11 °C	12,9	22,3	9,34	54,9
L-47	1234 –1238 m 1216 –1221 m	Unterpannon, Felsö-Rátka-Sandstein	2,4 E°/20	– 8 °C	61,0	6,0	13,0	2,1
B-111	1081 –1084 m	Unterpannon, Budafa-2-Sandstein	5,3 E°/20	6 °C	48,0	5,0	12,0	38,8
Pf-25	1783 –1784,5 m	Unterpannon, Konglomerat, Sandstein	3,76 E°/30	36 °C	2,19	2,7	2,8	91,9
Bat-25	1031,5–1033 m	Unterpannonsandstein und Quarzporphyrkonglomerat			55,0	23,0	4,0	17,7

Überreste im Erdöl

Der überwiegende Teil der so erhaltenen organischen Überreste ist ein klastischer Detritus, in welchem erkennbare oder als unversehrt zu betrachtende Exemplare nur vereinzelt vorkommen. Das amorphe, scheinbar jeder Struktur entbehrende Gebröckel ist das mengenmäßig dominierende Material. Ein Teil davon ist animalischer, ein anderer pflanzlicher Herkunft, der im allgemeinen mit SiO_2 überzogen ist. Nach Ablösen des dünnen Kieselüberzugs läßt sich z. T. die Zellulosereaktion gut erhalten.

Im Zusammenhang mit den amorphen, strukturlosen Stückchen vermutet auch SANDERS, daß dieses mengenmäßig überwiegende klastische Material ein koagulierter Teil von Huminkolloiden ist. Eine eingehende chemische Untersuchung erfolgte noch nicht.

Das aus dem Erdöl gewonnene schwebende Material ist, außer der dominierenden amorphen Detritusmasse, von mineralischer, pflanzlicher und tierischer Herkunft.

Mineralisches Material

In jedem der untersuchten Erdöle, besonders aber in den aus den Kalksteinlagerstätten stammenden, kommt Pyrit vor. Im allgemeinen zeigt er einen blanken, metallischen Glanz, aber der aus Kalksteinölträgern stammende ist schwarz und meistens matt. Es kommen Kugelagglomerate ebenso wie selbständige Kugeln vor (Taf. VI, Abb. 7 und 8).

Was ihre Herkunft anbelangt, sind sie vermutlich infolge bakterieller Einwirkung entstanden. Ein Teil der Bakterien hat Schwefelwasserstoff aus den Eiweißverbindungen gelöst, der mit dem Eiseninhalt des Sediments Pyrit erzeugt hat. Es ist aber auch möglich, daß sich Sulfate bilden, die sich durch Einwirkung der sulfatreduzierenden Bakterien zu Pyrit umwandeln. Wahrscheinlich ist der Pyrit aber durch bakterielle Einwirkung auf intrazellulare Weise aus Eisen und Schwefel entstanden. Es kommt vor, daß einige Zellen von pflanzlichen Gewebestückchen mit schwarzem Pyrit ausgefüllt sind, die durch bakterielle Zersetzung der Protoplasmaeiweißstoffe entstanden sind.

Tierische Überreste

Ein bedeutender Teil des aus dem Erdöl gewonnenen Materials ist nachweislich animalischer Herkunft. Zur Zeit stehen jedoch leider nur sehr wenige Literaturhinweise über die winzigen planktonartigen kleinen, meistens nur mit Chitinfilm bedeckten Tierchen der geologischen Vergangenheit zur Verfügung. Vorläufig sind sie deshalb nicht zu identifizieren bzw. zur Altersbestimmung zu verwenden.

Die meisten animalischen Überreste wurden aus den Untersuchungsmaterialien von Budafapuszta, Lovászi und Pusztaföldvár gewonnen. Häufig findet man die zarten, zerbrechlichen Haarbildungen sowie Überreste von Augen der Arthropoden. Es kommen auch unversehrte, gut erhaltene Lepidopteraschuppen vor. Merkwürdig sind die Überreste der aus dem Budafapuszta-Erdöl gewonnenen chitinskelettigen Mikroforaminiferen (nach GÓCZÁN).

Das Erdöl von Pusztaföldvár, welches aus einem permeablen Sandstein und Konglomerat des unteren Pannons stammt, enthält mehrere gut erhaltene Crustaceenüberreste.

Das aus der oligozänen Demjénlagerstätte geförderte Erdöl enthält auch verhältnismäßig viele animalische Überreste; so sind Arthropodafüße, Taster und Haargebilde zum Vorschein gekommen.

Das Hahót-Erdöl enthielt mehrere, ziemlich unversehrte Crustaceenüberreste. Häufig finden sich darin die nicht identifizierbaren, vollkommen transparenten Chitinhüllen, welche noch vor der Entstehung des schützenden SiO_2-Überzugs zerrüttet sein können.

Das Nagylengyel-Erdöl hat ebenfalls mehrere Arthropodenüberreste enthalten. Merkwürdig sind ein ziemlich unversehrtes Exemplar, mehrere gebrochene Gliederstücke und eine Chitinspirale, welche einst wahrscheinlich die Trachea eines der Arthropoden ausgespannt hat. Dasselbe Öl enthielt auch zahlreiche Insektenschuppen in stark korrodiertem Zustand.

Kieselnadeln kommen sehr häufig in den verschiedenen Erdölen vor. Ihre Form ist zylindrisch und gerade. Weder Einschnitte noch andere Kennzeichen sind an den wasserklaren Nadeln zu bemerken. Nach ihrer Herkunft sind es in erster Linie *Spongia*-Nadeln. Ihre große Anzahl läßt den Gedanken aufkommen, daß ein intensives Studium der Kieselnadeln vielleicht wertvolle Angaben über die Herkunft des Erdöls liefern könnte.

Pflanzliche Überreste

Die oben kurz geschilderten Überreste animalischer Herkunft sind vom Gesichtspunkt unserer Forschungen nur zweitrangig. Unser Hauptbestreben war darauf gerichtet, durch Bestimmung der unter den pflanzlichen Überresten dominierenden Sporen, Pollen und Algenreste die Ölsorten voneinander unterscheiden zu können. Falls sich eine Möglichkeit durch Anwendung der zur Zeit bereits hochentwickelten Versuchsmethoden und Kenntnisse der Palinologie böte, sollten ferner nicht nur über den Verlauf des Erdölentstehungsprozesses, sondern auch über sein Alter zuverlässige Angaben gewonnen werden.

Von den acht Ölsorten fertigten wir über 600 Mikrophotoaufnahmen von den hauptsächlichen organischen Überresten an. Trotz seines großen Umfangs ist das Versuchsmaterial zur Zeit nur zu vorläufigen Feststellungen geeignet. Den Palinologen des Geologischen Instituts, F. GÓCZÁN und E. KRIVÁN, gelang es noch nicht, sichere Artenidentifikationen auf Grund des zur Verfügung stehenden Materials zu ermitteln. Das Überrestmaterial von Pollen, Sporen und Algen wurde während Millionen von Jahren im Erdöl schwebend und wahrscheinlich den Einwirkungen von Bakterien und Pilzen ausgesetzt stark korrodiert. Es liegt in einem so sehr angegriffenen Zustand vor, daß Artkennzeichen und die sich an der Oberfläche der Sporenexine befindenden charakteristischen Merkmale und Ornamente meistens nur in sehr verschwommenem Zustand zu erkennen sind.

In den pflanzlichen Überresten des aus der Triaslagerstätte der Sonde Nagylengyel-55 geförderten Erdöls zeigen sich vorläufig ziemlich ausgeprägte Unterschiede zu dem Material des aus der Oberkreidelagerstätte stammenden Erdöls der Sonde Nagylengyel-23. Das Pilzsporenmaterial des Nagylengyel-55-Erdöls ist gering, sehr häufig sind hingegen die dickwandigen, porösen, fast kugelförmigen Zellenkörper, die auch aus dem mexikanischen mesozoischen Tamiahua-Erdöl bekannt geworden sind, sowie elliptische, mit dickem Rand versehene und mit vielen kleinen Punkten verzierte, allem Anschein nach Algenüberreste, mit je zwei kleinen Fortsätzen am engeren Ende. Außer nichtidentifizierbaren Sporen sind auch pflanzliche Haargebilde sehr häufig.

Im Erdöl von Nagylengyel-23 ist eine flaschenförmige, mehrfach geteilte Spore eines Pilzes in vielen Exemplaren vorgekommen. Mehrere Exemplare einer kugelförmigen *Crassosfera* sp.? sowie einer *Tricolporopollenites* sp.? wurden auch gefunden. Als ein für das Material von Nagylengyel-23 sehr charakteristischer Überrest ist eine ovale Spore zu erwähnen, deren Oberfläche mit grober Leistenverzierung und an einem Ende mit dem Rest eines Fortsatzes versehen ist. Häufig sind auch die wasserklaren, mit Noden verzierten Haargebilde.

Tafelerläuterungen I bis VI

TAFEL I

Budafapuszta-111

Bild 1. cf. *Tricolporopollenites* sp.; Bild 2. cf. *Pterospermopsis* sp.; Bild 3. cf. *Tricolporopollenites* sp.; Bild 4. cf. *Pterospermopsis* sp.; Bild 5. cf. *Pterospermopsis* sp.; Bild 6. cf. *Pterospermopsis* sp.; Bild 7. Kugelförmiger Zellenkörper mit gleichmäßig verteilten kleinen oberflächigen Verzierungen; Bild 8. Ovaler, dickwandiger, perforierter Zellenkörper; Bild 9. Kugelförmiger Zellenkörper mit gleichmäßig verteilten kleinen oberflächigen Verzierungen; Bild 10. Kugelförmiger Zellenkörper mit glatter Oberfläche und äquatorialem Kranz; Bild 11. Zweiteiliger dickwandiger Zellenkörper mit kurzem zweiteiligem Fortsatz.

TAFEL II

Budafapuszta-111

Bild 1. Pflanzliches Haargebilde; Bild 2. Trichom; Bild 3. Pflanzliches Haargebilde; Bild 4. Pilzspore; Bild 5. Pflanzliches Gewebestück von einer Conifere mit ringförmigen Zellwandverstärkungen; Bild 6. Pilzspore, häufig; Bild 7. —; Bild 8. Haargebilde, tierischer Herkunft? Bild 9—11. Algenreste; Bild 10. Spore?

TAFEL III

Pusztaföldvár-25

Bild 1—6. Lichtgelbe kugelförmige, z. T. deformierte, glasartig durchsichtige dünnwandige Zellen und Zellenmassen mit glatter Oberfläche; sehr häufig; Bild 7. Dickwandiger Sporenrest, an der Oberfläche mit kleinen stumpfen Stachelverzierungen; Bild 8. Tellerförmiger kleiner Zellenkörper, mit scharfer peripherialer Randkante, in der Mitte mit starken radialen Leistenverzierungen; Bild 9. Dickwandiger, lichtbrauner ovaler Zellenkörper mit Punktverzierung auf der Oberfläche; Bild 10. Dickwandiger, ovaler brauner Zellenkörper mit spiraler Leistenverzierung auf der Oberfläche; Bild 11. cf. *Alnus*-sp.-Pollen; Bild 12. Unbekanntes pflanzliches Gewebestück.

TAFEL IV

Demjén-4

Bild 1. Pilzspore; Bild 2. cf. *Helminthosporium*; Bild 3. Pilzüberreste; Bild 4. Pilz, Hyphafaden; Bild 5. cf. *Septonema*; Bild 6—8. Pilzsporen; Bild 9. Pilzspore; Bild 10. cf. *Septonema*; Bild 11. *Spongia*-Nadel.

TAFEL V

Hahót-5

Bild 1—4. Chitinreste von Arthropoden, durchsichtig, glasartig; Bild 5. cf. *Palaeoperidium*, Dinoflagellata-Reste; Bild 6. *Hystrichosphaera* sp.? Bild 7. cf. *Palaeoperidium*; Bild 8. —; Bild 9. Spore? Bild 10. Dickwandiger, perforierter Zellenkörper; Bild 11. Lichtbraune dickwandige Pflanzenreste, aus drei spitzen kleinen Zellenkörpern zusammengeklebt; Bild 12. Kugelförmige braune dickwandige, mit starken Stacheln verzierte Sporen; Bild 13. Deformiertes *Palaeoperidium?*

TAFEL VI

Nagylengyel-23

Bild 1. cf. *Crassosfera*; Bild 2. cf. *Crassosfera*; Bild 3. cf. *Tricolporopollenites*; Bild 4, 5. Sporen von Pilzen; Bild 6. Pilzspore mit starken Leistenverzierungen an der Oberfläche und kurzem Stielrest; Bild 7, 8. Pyrit, Sphärolithe; Bild 9. Ovaler, flacher Zellenkörper mit starker peripherialer Kante und oberflächiger Punktverzierung; Bild 10. Kugelförmiger Zellenkörper mit dicker Wand und flachen Oberflächenverzierungen; Bild 11. Glasartig durchsichtige Haargebilde mit dreistacheligen *Nodus*-Gebilden; Bild 12. *Spongia*-Kieselnadeln.

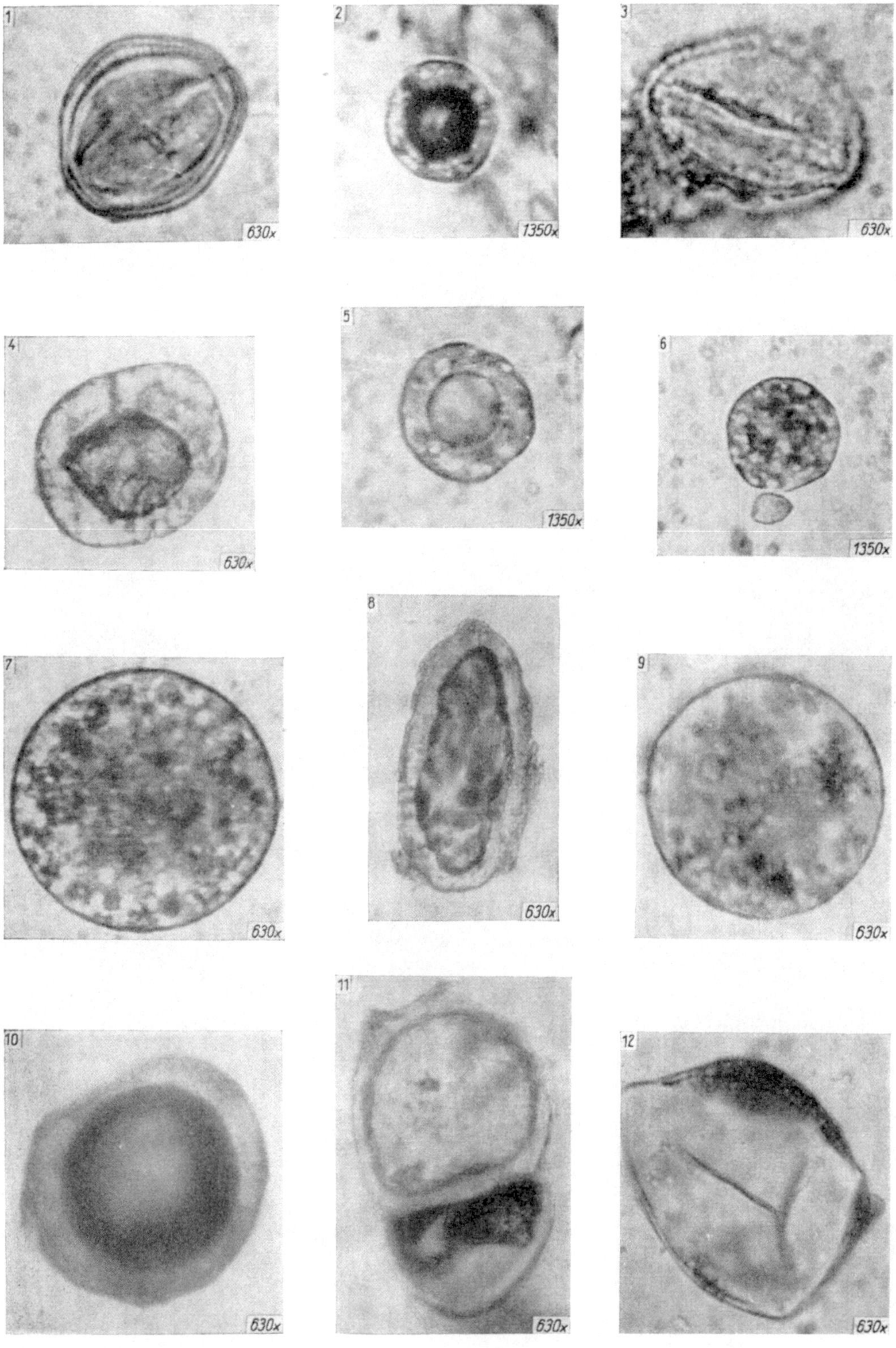
1
630x
2
1350x
3
630x
4
630x
5
1350x
6
1350x
7
630x
8
630x
9
630x
10
630x
11
630x
12
630x

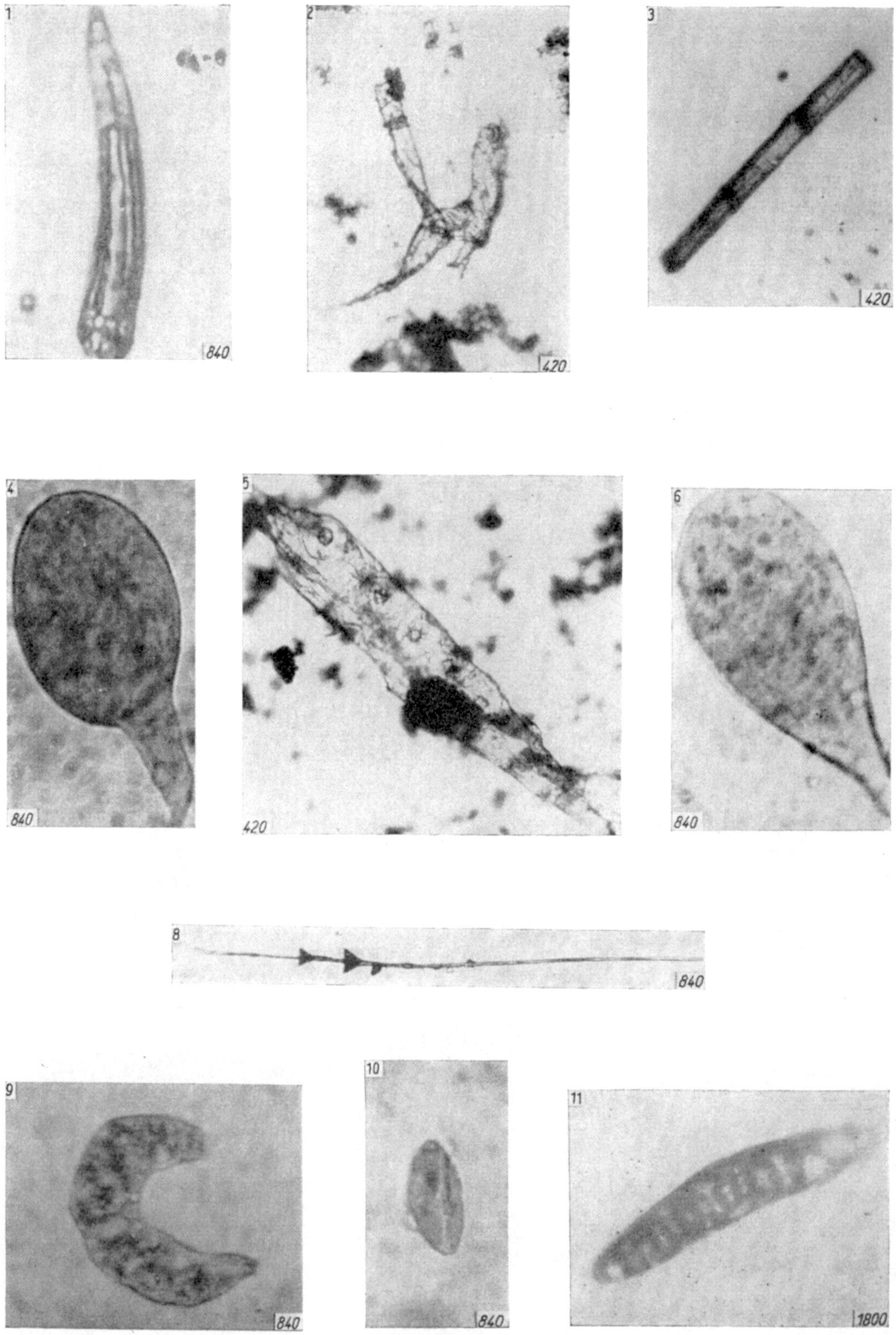

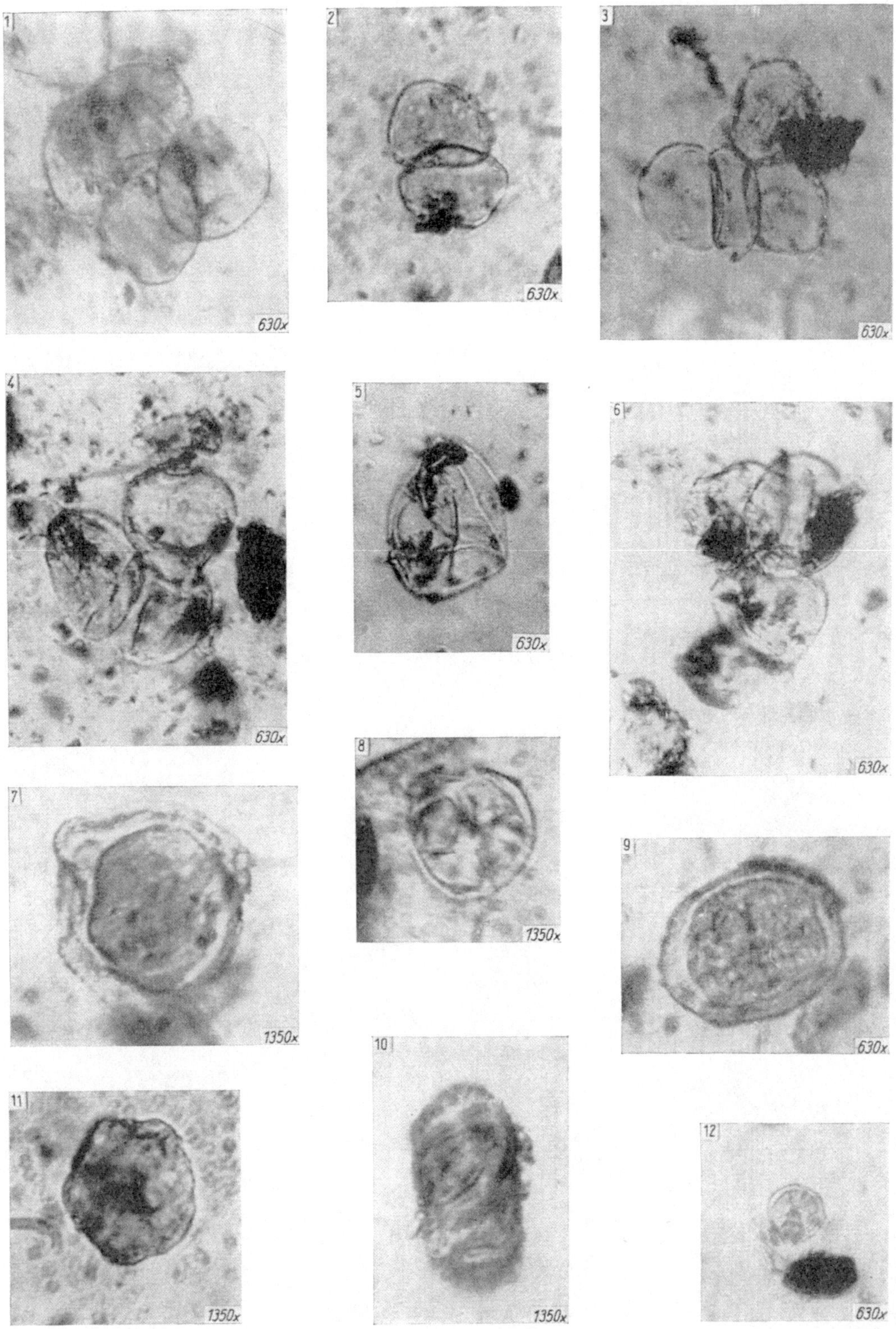
1
630x
2
630x
3
630x
4
630x
5
630x
6
630x
7
1350x
8
1350x
9
630x
10
1350x
11
1350x
12
630x

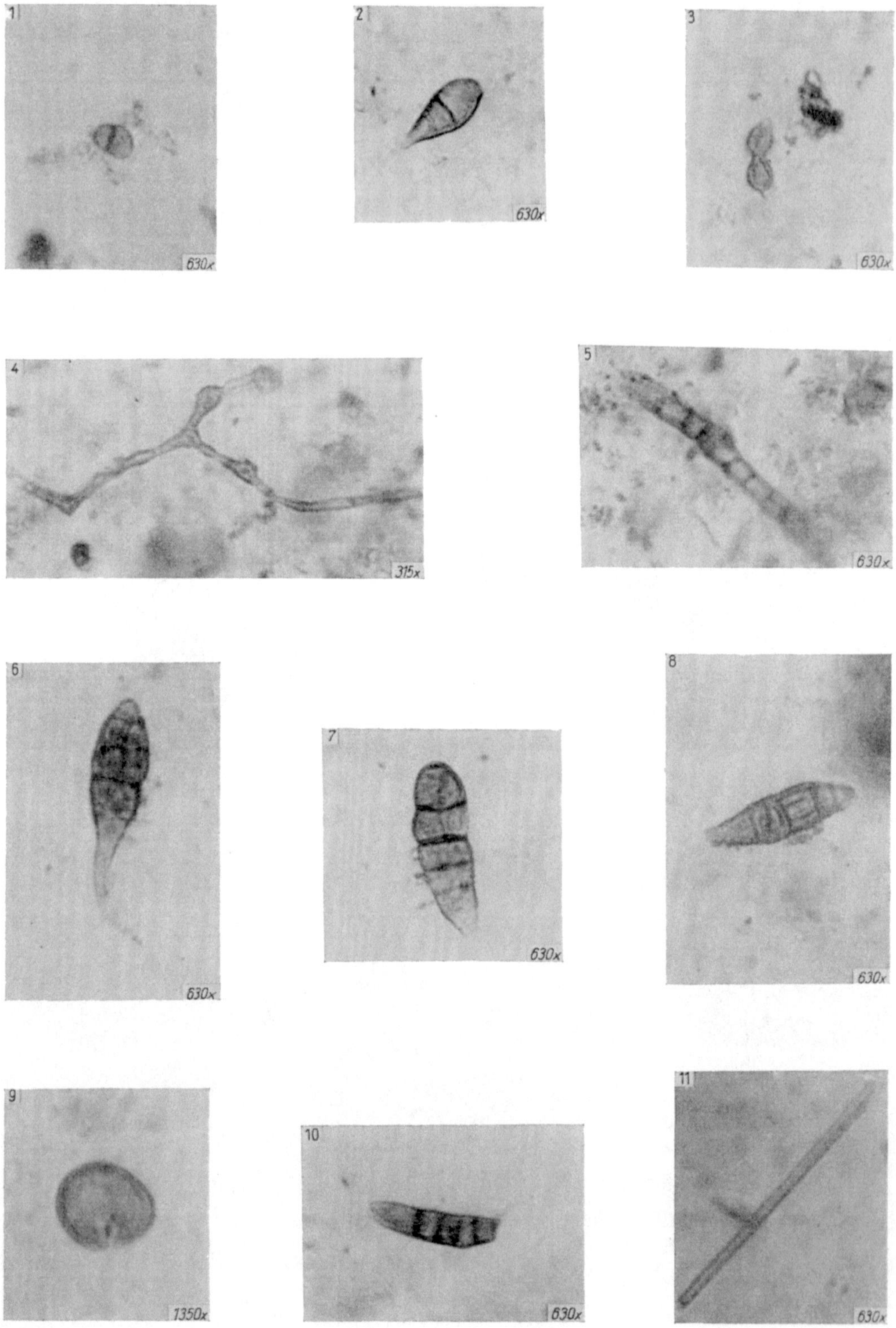
1
630x
2
630x
3
630x
4
315x
5
630x
6
630x
7
630x
8
630x
9
1350x
10
630x
11
630x

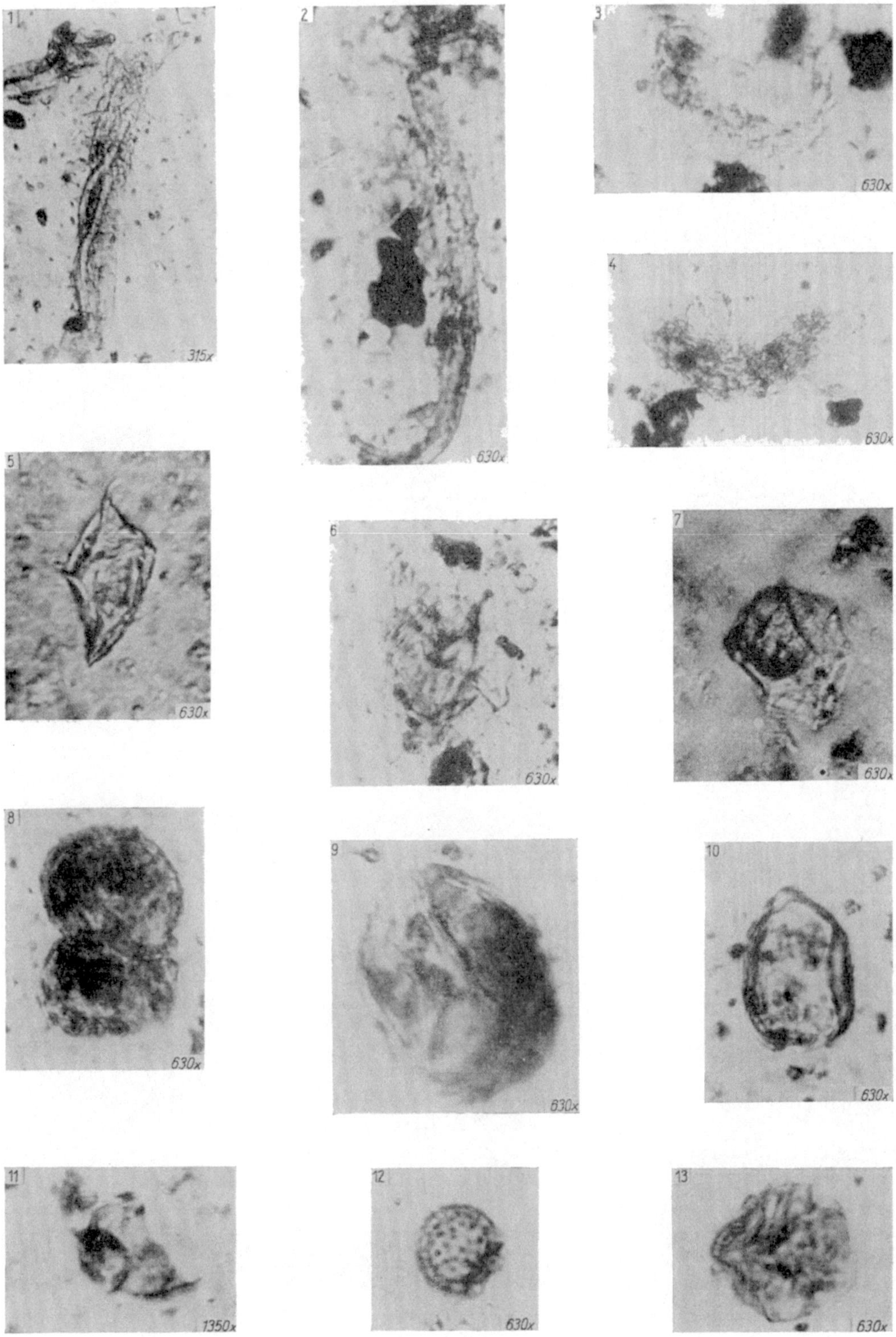
1
315x
2
630x
3
630x
4
630x
5
630x
6
630x
7
630x
8
630x
9
630x
10
630x
11
1350x
12
630x
13
630x

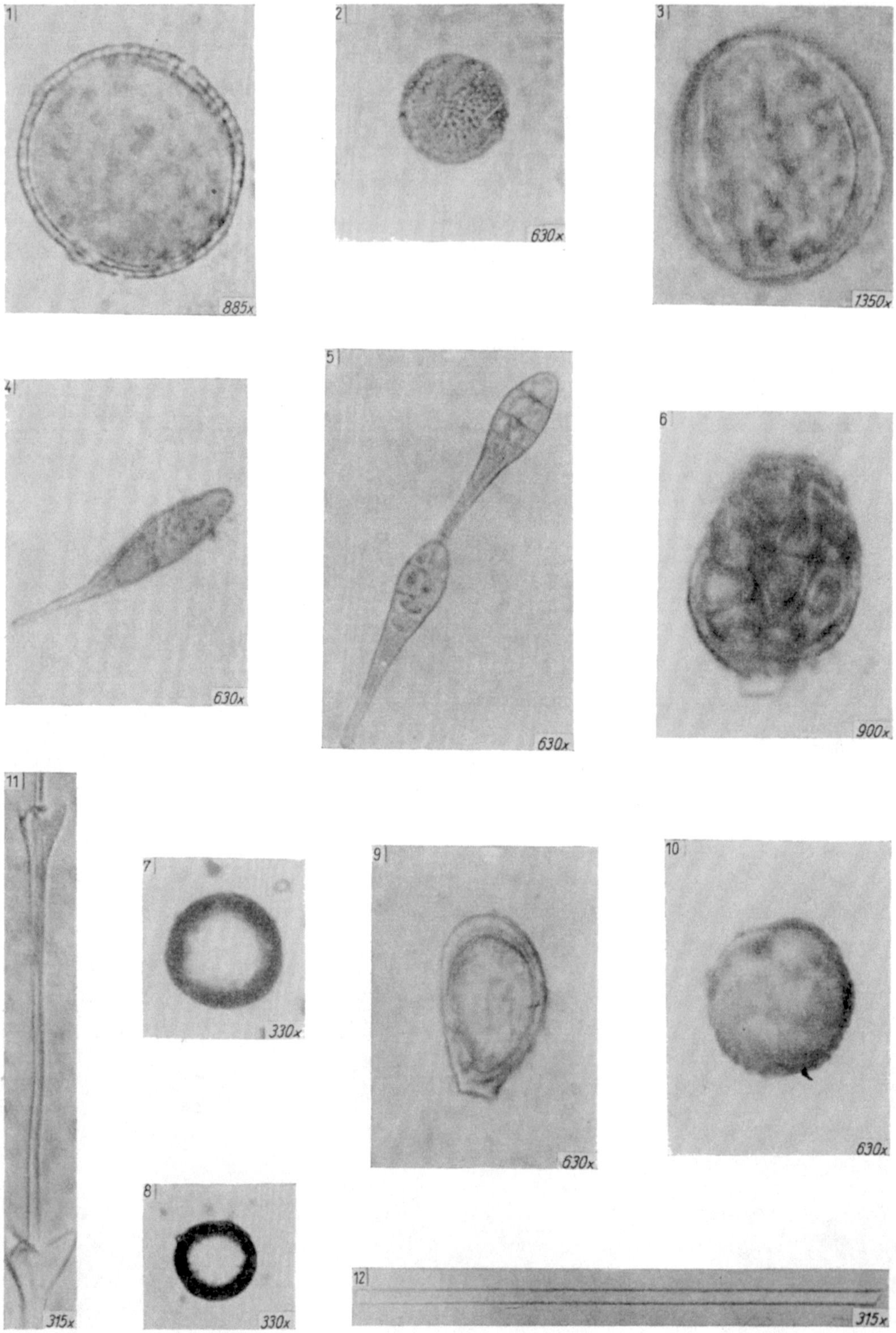
1
885x
2
630x
3
1350x
4
630x
5
630x
6
900x
11
315x
7
330x
9
630x
10
630x
8
330x
12
315x

Die Bestimmung von *Hystrichosphaera* sp. ? und *Palaeoperidium* sp.? im Restmaterial von Öl der Sonde Hahót-5 ist unsicher. Das *Palaeoperidium* ist eine mit scharfen, hervorragenden Rippen verzierte Dinoflagellate. Dieser mit markanten, hervorragenden Leisten verzierte Überrest ist im Hahót-Erdöl ziemlich häufig, er scheint hier sogar typisch zu sein.

Das aus oligozänem Sandstein geförderte Erdöl von Demjén-4 enthält ähnlich reiches Material. Merkwürdig ist seine von allen anderen Ölen abweichende Eigenschaft, daß ein reiches Pilzmaterial, Genera und Individuen, darin gefunden wurde, welches dem der bitumenhaltigen Tonmergel der paläogenen Green River Formation ähnlich ist (Bradley). So gleichen sich ein *Hyphomycetes septonema*, die Spore eines Helminthosporiums usw. Es scheint, daß die eozänen und oligozänen Erdöle sich durch ihren Reichtum von anderen unterscheiden.

Von den übrigen Überresten ragten eine Farnspore cf. *Gleichenia* sp. sowie eine Chenopodiacea und ein Pollen des Magnolia-Typs hervor. Die Identifizierung des übrigen sehr reichen Materials ist auch zunächst noch unsicher.

Ein reichliches Material kam aus den Ölen der vier Unter-Pannon-Sandstein-Ölspeicher zum Vorschein. Vor allem sind hier diejenigen die wichtigsten, welche nach Góczans Bestimmung cf. *Tricolporopollenites*, cf. *Quercus*, cf. *Pterospermopsis* und *Botryococcus* sind.

Ein nicht näher identifizierbarer Rest scheint in den aus den vier Pannonsandsteinen und -konglomeraten gewonnenen Mikroüberresten dominierend zu sein. Er besteht aus einem, zwei oder mehreren selbständigen oder aneinandergeklebten, dünnwandigen, gelben, durchsichtigen, unverzierten, kugelförmigen Zellenüberresten. Diese Überreste kamen hauptsächlich aus den B-111-, L-47- und Pf-25-Ölen in großen Mengen zum Vorschein.

In dem Erdöl der Sonde B-111 findet sich ein einzelliger, im allgemeinen ovaler Rest, welcher an einem Ende meistens einen Fortsatz trägt. Es kommen häufig auch einige, ebenfalls kugelförmige bzw. deformiert kugelförmige, großdimensionierte Zellen, oft mit gebrochenen oder rissigen Schalen, vor; sie lassen sich jedoch momentan nicht identifizieren. Für diese Ölsorte sind noch großdimensionierte kugelförmige Zellenkörper bezeichnend, die von einem breiten Rand asymmetrisch umgeben sind. Unter den aus dem Erdöl der Sonde B-111 zum Vorschein gekommenen pflanzlichen Geweberesten kommen schöne Trichome, durch ringförmige Zellwandverstärkungen charakterisierte Gewebe sowie verschiedene pflanzliche Haargebilde vor.

Die Überreste der Sonde L-47 sind denen der Sonde B-111 ähnlich. Der Unterschied besteht darin, daß die Pilze häufiger sind. So kamen hier zum Beispiel ein cf. *Uromyces* und Sporen mit 2 und 4 Verteilungen zum Vorschein.

Vom Gesichtspunkt der Flora-Assoziation sind die Überreste von Pf-25 dem Überrestmaterial von B-111 ganz ähnlich. In großen Massen dominieren hier die nicht näher identifizierbaren gelben glasartig transparenten dünnkrustigen Kugeln und Kugelgruppen ohne irgendwelche Verzierungen. Untergeordnet kommen auch hier Pilze vor, mit stiellosen geteilten ovalen Sporen und Hyphafäden.

Nach der Meinung von E. Nagy kann ein Pollen als *Tilia* sp.? betrachtet werden, ein anderer wieder als fraglicher *Alnus* sp. Es kamen auch einige *Botryococcus*-Überreste zum Vorschein, die auch in anderen, aus unterpannonischen Gesteinen geförderten Erdölen vorkamen. Näheres über die anderen Exemplare des Pollen- und Sporenmaterials kann nicht gesagt werden.

Das Erdöl von Bat-25, ähnlich den Pusztaföldvár- und Budafapuszta-Ölen, enthält *Botryococcus*, ziemlich gut erhaltene Pollen des Magnolia-Typs und mehrere Algen-Überreste.

Kritische Betrachtung der Ergebnisse

Nach der Erörterung der obenangeführten Untersuchungen ergibt sich die Frage, ob die aus den Erdölen gewonnenen Überreste der Organismen zweifelsfreie Zubehöre des Erdöls sind, d. h., als zurückgebliebenes Material des biochemischen Zersetzungsprozesses der Organismen zu betrachten sind und dadurch ein ausgesprochenes Argument für die organische Ölgenese liefern, oder ob sie nur während der Migration des Erdöls aufgenommene organische Reste darstellen.

Im Laufe der Sedimentation, wie allgemein bekannt, wird die Ablagerung von Psammiten dort stattfinden, wo es Wasserbewegung gibt. Zu gleicher Zeit wird sich jedoch in solchen Beckengebieten das zur Entstehung des Sapropels notwendige, aus winzigen schwebenden, meist planktonartigen Organismen bestehende Material nicht ablagern.

Trotz dieser Erfahrungen besteht natürlich die Möglichkeit, daß die Sandkörnchen mit höherem spezifischem Gewicht die ihnen eventuell anhaftenden schwebenden Organismenüberreste in geringer Menge mit sich ablagern. Es bleibt noch die Frage offen, ob sich das migrierende Erdöl diese vorhandenen Überreste einverleiben konnte.

Diesbezüglich können wir uns auf mündliche Mitteilungen u. a. von Dr. B. S. Venkatachala berufen, laut welchen im Paläontologischen Institut in Birbal-Sahni (Indien) eine Reihe von Versuchen zu palinologischen Zwecken durchgeführt wurde, um die gleiche Frage zu beantworten. Es wurde erst dünnes Öldestillat, dann Wasser durch den Porenraum von Sandsteinen gepreßt und geprüft, ob das austretende Öl oder Wasser aus dem Nutzporenraum Sporen oder Pollen ausgewaschen hatte. Es hat sich erwiesen, daß eine Ausspülung organischer Reste in dieser Weise nicht möglich ist; sie lassen sich nur nach Bearbeitung und Zerstückelung des Gesteins entziehen. Ähnliche Ergebnisse erreichte man auch in anderen Ländern.

Im Zusammenhang mit der Herkunft der organischen Überreste kann noch erwähnt werden, daß das sich im Spaltensystem einer rissigen, klüftigen Kalksteinlagerstätte befindliche Erdöl, wie es bei den untersuchten Hahót- und Nagylengyel-Ölen der Fall ist, organische Überreste in ebensolcher Fülle enthält, trotz der Tatsache, daß in solchen Fällen das Erdöl aus dem weiten Spaltensystem Überreste nicht aufnehmen konnte.

Es scheint sicher zu sein, daß das im Erdöl schwebende organische Überrestmaterial als Zubehör des Erdöls bei der Genese zurückgeblieben ist. Es ist deshalb kein einverleibtes Material.

Die im Filtrationsrückstand aufgefundenen zarten animalischen und pflanzlichen Haargebilde beweisen ebenfalls, daß sie zum Erdöl gehören. Man kann sich nicht vorstellen, daß solche zerbrechlichen Überreste, falls sie sich mit dem Sand abgelagert hätten, bei der Bewegung und später bei der Kompaktion der Sandkörnchen so unversehrt geblieben wären.

Schlußfolgerungen

Auf Grund der obenbeschriebenen Untersuchungen können die folgenden Schlußfolgerungen gezogen werden:

1. Wir untersuchten acht von den in Ungarn geförderten wichtigsten Erdölen und konnten feststellen, daß das geförderte Erdöl unversehrte Überreste pflanzlicher und animalischer planktonartiger Organismen in erheblichen Mengen enthält.

2. Die mikroskopisch kleinen Überreste sind, abgesehen vielleicht von sehr wenigen Ausnahmen, Zubehör des Erdöls und Abfallprodukte der Erdölgenese.

3. Bezüglich der Überreste kann angenommen werden, daß bei der Erdölentstehung die animalischen Organismen ebenso wie die pflanzlichen eine Rolle spielten. Unter den im Erdöl befindlichen Überresten überwiegen die identifizierbaren pflanzlichen Reste. Daraus darf man aber nicht folgern, daß ihre Rolle bei der Ölgenese wichtiger war als die der animalischen.

4. Die Häufigkeit von Sporen, Pollen, Arthropodaschuppen, sogar die Anwesenheit von Harztropfen sind Beweis dafür, daß der Ort der Entstehung von ungarischen Erdölen ein landnahes, kaum bewegtes Meer war.

5. Es ist durch die Häufigkeit von Arthropoden, besonders der von Krebsarten, sowie durch die häufigen Algenreste erwiesen, daß die im Wasser lebenden planktonartigen Organismen eine wichtige Rolle spielten.

6. Die im Filtrationsrest dominierende amorphe, strukturlose Detritusmasse ist Beweis dafür, daß die vom Land in Form von kolloidalen Lösungen eingeschleppten Huminverbindungen bedeutend zu der Vermehrung des Sapropels beigetragen haben.

7. Die Pflanzenassoziation der organischen Überreste in den Lovászi-, Budafapuszta-, Pusztaföldvár- und Battonya-Erdölen weist darauf hin, daß die gleichen Formen, teils die gleichen Arten, auf ein gleiches Alter der Genese dieser Erdöle schließen lassen.

8. Das Speichergestein der angeführten vier Erdölsorten ist konglomeratischer Sandstein, unter welchem der metamorphe Beckenuntergrund liegt. Die in der näheren Umgebung abgeteuften Bohrungen deuteten darauf hin, daß auch in Richtung der Strukturflanken sich keine miozänen oder paläogenen Schichten einschalten, so daß das Alter der Ölgenese auch nach ölgeologischem Gesichtspunkt ins Unterpannon gesetzt werden kann. In Budafapuszta und in Lovászi ist das Erdöl nicht durch vertikale Migration in die untersuchten Lagerstättenlinsen gelangt. Auf Grund der Ähnlichkeit in den Überresten müssen auch diese beiden Erdöle dem Unterpannon zugeteilt werden.

9. Wegen des Inhalts an Pilzen und anderen Überresten des Demjén-Erdöls ist eine Ähnlichkeit mit anderen paläogenen Assoziationen festzustellen. Auch der geologische Aufbau widerspricht dieser Feststellung nicht, da das Demjén-Erdöl aus Sandsteinlinsen, die den Rupeltonmergeln eingelagert sind, produziert wird. Die Sandsteinlinsen können deshalb nur Erdöle von oligozänem Alter enthalten.

10. Die Ermittlung des Alters von Nagylengyel-Erdölen ist auf Grund von organischen Überrestuntersuchungen bisher noch unsicher. Es kann aber eines festgestellt werden: Die Überreste unterscheiden sich von den aus der Trias in Nagylengyel-55 und von den aus der Oberen Kreide in Nagylengyel-23 erhaltenen Resten.

Geologisch scheint es sicher zu sein, daß der Triasdolomit in diesem Gebiet autochthones Erdöl in Subkapillaren enthält, er ist also auch ein Muttergestein. Über das aus der Kreide geförderte Erdöl stehen eindeutige Angaben noch nicht zur Verfügung. Die exakten Beweise erwarten wir in erster Linie von den im Erdöl befindlichen Mikroorganismen.

Die Fortsetzung der abgehandelten Untersuchungen bietet uns die Hoffnung, daß weitere Beweise für das Alter der Erdölentstehung in Ungarn sowie für die paläogeographischen Verhältnisse erbracht werden und daß durch Weiterentwicklung der Forschung eine zuverlässige Methode für die Altersbestimmung zur Verfügung stehen wird. Eine solche kann künftig den Verlauf der Kohlenwasserstofferkundung mit beeinflussen, so daß damit nicht nur wissenschaftliche, sondern auch praktische Ergebnisse erzielt werden können.

Zusammenfassung

Aus Erdölen, die in Schichten von Trias bis Pannon vorkommen, wurden durch Porzellanfilter eine größere Anzahl von tierischen, pflanzlichen und mineralischen Überresten abgetrennt. Die häufigsten Reste sind Sporen, Pollen, Arthropodaschuppen und -augenreste und undefinierbare Zellmassen. Diese organischen Körper sind nicht aus dem Gestein in das Öl gelangt, sondern es sind autochthone Überbleibsel der Erdölgenese. Die Öle in den einzelnen geologischen Horizonten unterscheiden sich charakteristisch im Fossilgehalt, was hoffen läßt, daß eine Altersbestimmung nach weiteren Forschungsarbeiten möglich sein wird.

Резюме

Из нефтей, найденных в слоях триаса до паннона, отделено при помощи фарфоровых фильтров большое количество животных, растительных и минеральных остатков. Наиболее часто встречаются остатки спор, пыльцев, чешуи и остатки глаз Arthropoda, а также неопределимые клеточные массы. Эти органические тела поступали в нефть не из пород, а являются автохтонными остатками генезиса нефти. Нефти из отдельных геологических горизонтов различаются характером содержания ископаемых, что позволяет надеяться, что после дальнейших исследовательских работ возможно будет определение возраста.

Summary

A major number of animal, plant and mineral remains occurring in Triassic up to Pannonian beds was separated from oils by means of porcelain filters. The most frequent remains are spores, pollen, Arthropoda scales and eye remains, as well as undefinable cellular substance. These organic bodies did not come from the rock into the oil, but are autochthonous remains of the oil genesis. Oils belonging to individual geological horizons characteristically differ by their content of fossils, which is expected to permit an age determination after research work being continued.

Literatur

BASTIN, A.: The problem of the nature reduction sulphates. — Bull. A. A. P. G., 10, 1270—1299 (1926).

BEERSTECHER, E.: Petroleum Microbiology. — Elsev. Pr., New York 1954.

BRADLEY, W. H.: Origin and Microfossils of the Oil shale of the Green River Formation. — U. S. Department of the Interior, 168.

BROD, I. O.: Das Problem der Bildung von Öl- und Gasakkumulation. — Z. angew. Geol., 4, 9, 401 (1958).

BRONGERSMA-SANDERS: Mass mortality in the Sea. — Geol. Soc. Amer. (1957).

CORBETT, C. S.: In situ Origin of McMurray Oil. — Bull. A. A. P. G., 39, 1601—1649 (1955).

GRÁF, L.: A geokémia jelentősége a kőolajkutatásban, különös tekintettel a magyar viszonyokra. — Bányász Kongr., (1960) [1960a].

– A kőolaj és földgáz eredetének problémája stb. A Szovjetunió Tudományos Akadémiájának ankétja. – Gostoptechisdat, Moskau 1960 [1960b].
HESSLER, K.: Die Theorie von N. B. WASSOJEWITSCH über die Entstehung des Erdöls. – Erdöl u. Kohle, 14, 12, 1035ff. (1961).
HODGSON, G. W.: Vanadium, Nickel and Iron trace metals in Crude Oils of Western Canada. – Bull. A. A. P. G., 38, 2537–2554 (1954).
HODGSON, G. W., & B. L. BAKER: Vanadium, Nickel and Porphyrins in thermal geochemistry of Petroleum. – Bull. A. A. P. G., 2413 (1957).
KREJCI-GRAF, K.: Diagnostik der Herkunft der Erdöle. – Erdöl u. Kohle, 12, 706 (1959).
– Moderne Anschauungen über die Entstehung des Erdöls. – Erdöl u. Kohle, 13, 11, 836–845 (1960).
LOUIS, M., & W. E. HANSON: Symposium „Chemische Methoden zur Erkennung von Erdölmuttergestein". – Erdöl u. Kohle, 652 (1959).
MEINSCHEIN, W. G.: Origin of Petroleum. – Bull. A. A. P. G., 43, 925–943 (1959).
SANDERS, M. C.: The Microscopical Examination of Crude Petroleum. – J. of the Inst. of Petr. Techn., 23, 525–573 (1937).
TOMOR, J.: Szerves maradvány viszgálatok magyarországi kőolajokban. Restes organiques dans le pétrole Hongrois. – Földtani Közlöny 1950.
– Kőolaj és földgáz kutatások a Dunántulon. – Akad. Kiad. (1957).
– Kőolajtelepek Földtana. – Bányászati Kézikönyv 1962.
WASSOJEWITSCH, N.: Voproszi obrozovanija nefti. – Gostoptechisdat Moskau 1958.
– Probleme der Erdölgenese. – Z. angew. Geol., 4, 11, Moskau 1958.

Über die Notwendigkeit hydrodynamischer Untersuchungen beim Abbau von Erdöllagerstätten[1]

I. G. STJOPIN, UdSSR

Der Abbau von Erdöllagerstätten wird gegenwärtig im wesentlichen nach regelmäßigen geometrischen Bohrnetzen projektiert, wobei die Abstände zwischen den einzelnen Bohrungen und zwischen den Reihen gleich sind. Eine derartige Anordnung der Produktionsbohrungen führt jedoch zu erheblichen Ölverlusten, da in vielen Bereichen mit inhomogenen Speichergesteinen bestimmte „Pfeiler" nicht ausgebeutet werden.

Diese Zonen können in die Produktion mit einbezogen werden, indem man die Bohrungen so ansetzt, daß ihre Anordnung einem bestimmten Bau der erdölführenden Schicht entspricht. Diese Anordnung der Bohrungen gestattet uns, den Ölabgabekoeffizienten von 0,4—0,5 auf 0,7 zu erhöhen, was die Möglichkeit gibt, etwa 20% Öl zusätzlich zu gewinnen, das sonst unausgebeutet bliebe. Die Ansetzung der Bohrungen unter Berücksichtigung des realen Baus der ölführenden Schicht kann man mit Hilfe der hydrodynamischen Erkundung erreichen. Diese ermöglicht es, den geologischen Bau der Speicher genauer und vollständiger zu erfassen, indem sie durch Beobachtung der Druckwellen im Speicher zur Ermittlung von Abschirmungen verschiedener Art beiträgt, von undurchlässigen Grenzen, Störungen, Auswaschungen usw. Im Stadium der Erkundung genügt für diesen Zweck sogar eine einzige Bohrung.

Für eine vollständigere Untersuchung des Baus eines Speichers ist es aber günstiger, zwei bis drei Bohrungen zu verwenden, in denen das „Abhören" an Hand der gegenseitigen Beeinflussung dieser Bohrungen durchgeführt werden kann. Diese Methode gestattet es, eine grundsätzliche Vorstellung vom Speichergestein zu vermitteln und die nächsten Bohrungen bereits unter Berücksichtigung der erhaltenen Ergebnisse niederzubringen. Wenn man Produktionsbohrungen unter Berücksichtigung der Inhomogenität von Speichergesteinen ansetzt, kann man in vielen Fällen deren Anzahl um 30—50% reduzieren. Eine große Anzahl von Geräten wird somit für andere Zwecke frei. Beispielsweise wurden auf der Lagerstätte Sapadny Tebuw (Uchta) anfänglich hundert Produktionsbohrungen projektiert; die durchgeführte „Hydroerkundung" gestattete es aber, diese Zahl auf fünfzig herabzusetzen. In den Gebieten der Lagerstätten von Grosny gestattete diese Methode ebenfalls, auf das Niederbringen überflüssiger Bohrungen zu verzichten. Umgekehrt aber kann auch bei stärkerer Inhomogenität des Speichergesteins oder bei größeren Störungen gelegentlich die Zahl der Produktionsbohrungen zunehmen, da jedes Ölfeld oder jeder Block durch ein selbständiges Netz von Bohrungen exploitiert werden muß.

Derartige Fälle treten jedoch in der Hauptsache in Geosynklinalgebieten ein; in den Tafelgebieten ergibt sich dagegen eine starke Reduzierung des Produktionsbohrens.

Trotz dieser Möglichkeiten ist die „Hydroerkundung" auf den einzelnen Lagerstätten nur in sehr geringem Maß eingeführt worden, obgleich der Beginn ihrer Anwendung in das Jahr 1930 zurückgeht.

Bereits in den Jahren, als es noch keine vollkommenen Geräte gab und der einfache JAKOWLEWsche Apparat das Hauptgerät war, gestatteten es die in einigen Ölgebieten angestellten Untersuchungen, bedeutende Ergebnisse zu erreichen. So gaben z. B. die Untersuchungen auf den Feldern des Oktjabrneftj (Grosny) die Möglichkeit, die Lagerstätte bedeutend intensiver zu erkunden.

Auf den Feldern der Asneftj gelang es dank der im Jahre 1938 angestellten Untersuchungen, die jährliche Ölförderung um 20000 t zu steigern. Später, in den Jahren 1954—1962, wurde die „Hydroerkundung" vom Institut WNIIneftj auf den Lagerstätten des Saratower und des Wolgograder Wolgagebiets und auf den Lagerstätten Tatariens angewandt (ausführlich beschrieben in den im Literaturverzeichnis unter dem Verf. STJOPIN genannten Arbeiten). Diese Untersuchungen wurden komplex mit geologischen und geophysikalischen Verfahren durchgeführt. Auf Grund dieser Ergebnisse konnte die Hydroerkundung für eine umfassendere Verwendung in der Öl- und Gasindustrie empfohlen werden.

Unter dem Aspekt der durchgeführten hydrodynamischen Erkundungsarbeiten bedeuten die amerikanischen Versuche, eine so wichtige Frage, wie die der Ermittlung allgemeinverbindlicher optimaler Abstände zwischen den Exploitationsbohrungen, zu lösen, ein reines Mißverständnis. Die „Hydroerkundung" hat gezeigt, daß man einen optimalen Abstand zwischen den Bohrungen nicht nur nicht für ganze Staaten wählen kann, wie das bis zur letzten Zeit in den USA getan wurde, sondern häufig auch nicht einmal für die einzelnen Schichten ein und derselben Lagerstätte.

[1]) Übersetzung: Dipl.-Min. W. OESTREICH, Berlin

Abb. 1. Anordnung einiger Bohrungen des Oktjabrneftj (Grosny)

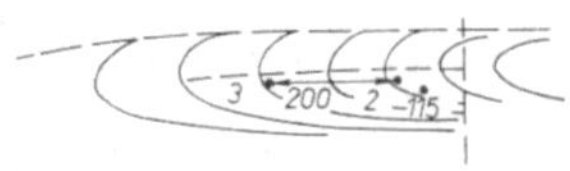

Aus der Praxis der eingehenden Erkundung der Lagerstätte Oktjabrskoje und anderer ist ersichtlich, daß bei ein und derselben Schicht die optimalen Bohrlochabstände zwischen zehn und einigen hundert Metern schwanken können. So war es z. B. in Oktjabrneftj, wo man zwei Bohrungen im Abstand von 15 m ansetzen mußte. Die Bohrungen sind durch eine undurchlässige Grenze getrennt, eine Vergrößerung dieses Abstands wäre unzulässig gewesen, da sie eine Herabsetzung des Realisierungskoeffizienten nach sich gezogen hätte. Zwischen den Bohrungen 58 und 59, die auf dem gleichen Feld angesetzt wurden, betrug der Abstand aber 345 m, und er war eher noch zu gering als zu groß. Die Bohrungen muß man in ein und demselben Lager ständig in stark unterschiedlichen Abständen voneinander ansetzen.

Ein Beispiel dafür bilden die Bohrungen 2 und 3 in einer Schicht (Abb. 1), die nicht durch undurchlässige Grenzen getrennt sind. Während der Abstand zwischen den ersten beiden Bohrungen gleich 200 m ist, was zweifellos wenig ist, beträgt der Abstand zwischen den Bohrungen 2 und 115 45 m, was durch die Schicht bedingt als nicht zu gering betrachtet werden kann. Trotz des geringen Abstandes von Bohrung 2 ist die Bohrung 115 absolut notwendig, da die Ölvorräte in ihrem Zuflußbereich von Bohrung 2 nicht erfaßt werden können. Ein anderes Beispiel bilden die Bohrungen 50, 59 und 60 (Abb. 2), die sich in einem Feld befinden. Während der Abstand von 120 m zwischen den Bohrungen 60 und 59 völlig unzureichend ist, ist der Abstand von 40 m zwischen den Bohrungen 59 und 50 gerechtfertigt durch die Notwendigkeit der Realisierung der Vorräte, die in der Schicht nördlich von Bohrung 59 vorhanden sind (W. P. JAKOWLEW 1953).

Diese Tatsachen haben bestätigt, daß die von uns für homogene Schichten im Jahre 1938 vorgeschlagenen Galeriesysteme der Verteilung von Bohrungen wegen der Vielfalt undurchlässiger Grenzen nur eine sehr beschränkte Anwendungsmöglichkeit haben; ohne „Hydroerkundung" ist ihre Anwendung überhaupt unmöglich (W. P. JAKOWLEW 1938). Die hydrodynamische Erkundung hat gezeigt, daß man in vielen Fällen die praktische Ausbeutung von Lagerstätten nicht nach geometrischen Netzen oder Galerien der Bohrungen durchführen darf, wie das von den Schemata für die Exploitation theoretisch homogen aufgebauter Schichten vorgesehen wird, sondern mittels einer ganzen Reihe von Abschnitten der Galerien und einzelnen Bohrungen, die entsprechend dem Bau des realen, auszubeutenden Objekts angesetzt werden müssen.

Wir betrachten nun als Beispiel die Abbauprojektierung einer Lagerstätte des Tafeltyps (JAKOWLEW 1959). In dem auf Abb. 3 dargestellten Beispiel wurden die Abstände zwischen den Einpreßbohrungen zu 1 km, zwischen den Produktionsbohrungen zu 500 m, zwischen den Reihen der Produktionsbohrungen zu 700 m und zwischen den Einpreßbohrungen und der ersten Reihe der Produktionsbohrungen zu 2 km angenommen. Zuerst sollte eine Reihe der Einpreßbohrungen niedergebracht werden (26 Bohrungen), dann drei Reihen von Produktionsbohrungen (109 Bohrungen), anschließend mit wachsender Überflutung der äußeren Reihen die folgenden (185 Bohrungen). Insgesamt waren nach diesem Projekt mindestens 222 Bohrungen vorgesehen. Auf diese Weise sollte diese Schicht ohne Einsatz der Hydroerkundung ausgebeutet werden.

Bei der Ausbeutung des gleichen Lagers, nach Einsatz der „Hydroerkundung" bereits bei den ersten Erkundungsbohrungen, überzeugten wir uns davon, daß wir es auf diesem Feld nicht mit einem, sondern mit sechs Exploitationsobjekten zu tun haben: mit den drei durch Störungen voneinander getrennten Feldern X, Y und Z und den drei Linsen a, b und c. Von den 26 ohne Hydroerkundung projektierten Einpreßbohrungen fallen nur 16 in die ölführenden Felder Y und Z. Das in acht Bohrungen des Feldes X und in drei Bohrungen der Linse a eingepreßte Wasser kann keinerlei nützliche Arbeit verrichten. Aber auch in 16 fündigen Bohrungen kann es nicht auf das in den Linsen b und c vorhandene Öl einwirken. Diese Linsen mit Wasser spülen kann man erst dann, wenn man dort an den geeignetsten Stellen Einpreß- und Produktionsbohrungen niedergebracht hat.

Auf Abb. 4 wird die Verteilung der Bohrungen gezeigt, wie sie nach der „Hydroerkundung" unter Berücksichtigung der undurchlässigen Grenzen und der Veränderungen der Durchlässigkeit realisiert wurde.

Sieben Einpreßbohrungen im Feld X (Abb. 3) und drei in der Linse a werden nicht niedergebracht, anstelle dessen werden fünf Bohrungen im Feld Y und zwei Bohrungen im Feld Z abgeteuft. Dadurch wird die Zahl der niedergebrachten Einpreßbohrungen von 26 auf 22 reduziert. Der Fonds der wirksamen Einpreßbohrungen erhöht sich von 16 auf 22. Im Gebiet der Erkundungsbohrungen XII, II, IX und VI erwies sich die Durchlässigkeit als so hoch, daß es möglich war, die erste Reihe der Exploitationsbohrungen in 4 km Entfernung von den Einpreßbohrungen anzusetzen und die Durchschnittsförderrate in diesem Gebiet von 50 auf 200 m³/24 h zu erhöhen. Nur im Gebiet zwischen den Bohrungen IV und XI zwang die herabgesetzte Durchlässigkeit dazu, näher an die Wasser-Öl-Grenze heranzugehen und die Produktionsbohrungen zu verdichten. Die zweite Reihe der Exploitationsbohrungen in diesem Feld konnte man auf der Achse der Struktur, 2 km von der ersten Reihe entfernt, ansetzen. Die Linse b über dem Hangenden der Hauptschicht wird durch zwei Bohrungen exploitiert: eine Produktionsbohrung und eine Ein-

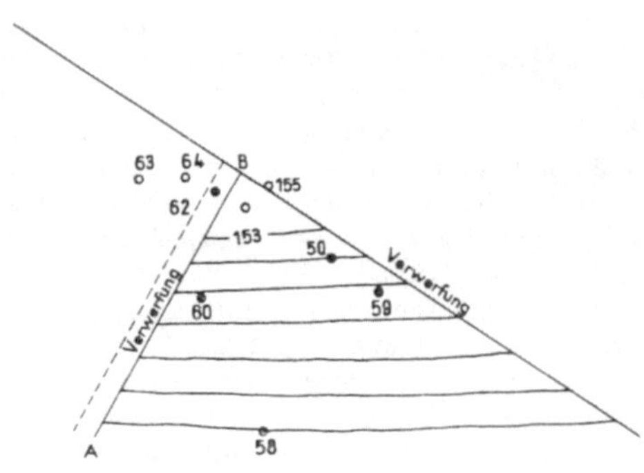

Abb. 2. Schematische Karte der Schicht XXII des Oktjabrneftj (Grosny) nach JAKOWLEW

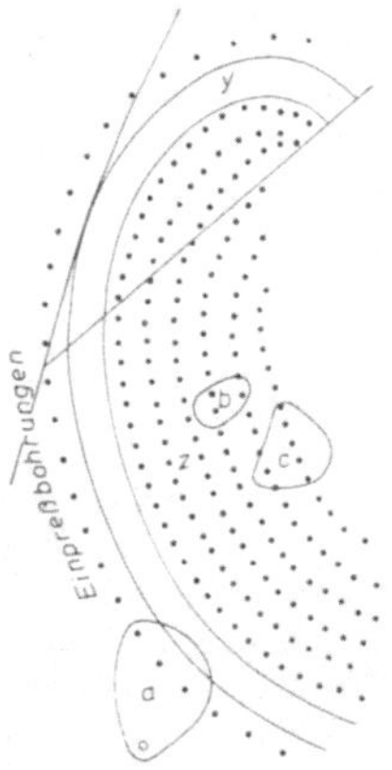

Abb. 3. Gegenwärtige Ausbeutung einer Tafellagerstätte

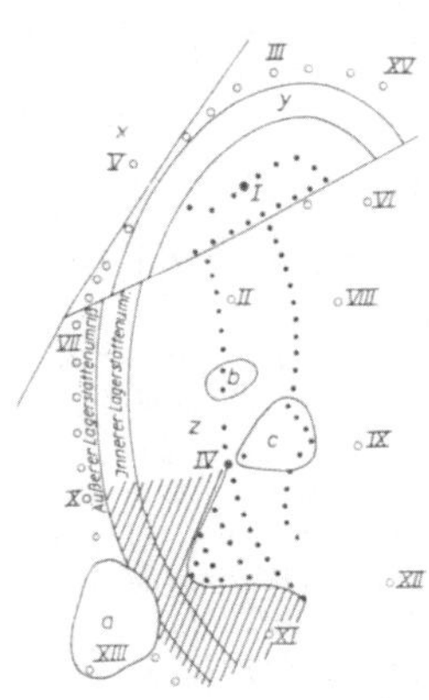

Abb. 4. Karte der Ausbeutung mit Anwendung der „hydrodynamischen Erkundung"

preßbohrung. Die Linse c der Hauptschicht wird von sechs Bohrungen ausgebeutet: eine Einpreßbohrung und fünf Produktionsbohrungen. Infolge der sachgemäßen grenznahen Ansetzung dieser Bohrungen in den Linsen bleiben die grenznahen Reste an Öl nicht unausgebracht, und der Ausbeutungskoeffizient erhöht sich auf ein Maximum.

Im Feld Y werden die drei Reihen der Produktionsbohrungen der ersten Variante durch zwei Reihen ersetzt. Die zweite Reihe wird nahe an der Verwerfung angesetzt. Hierbei ist die Bildung unausbringbarer grenznaher Ölreste nicht möglich.

Bei Kenntnis der Details im Aufbau der Schicht kann man daher ohne Tempoverlust und vollständiger das gegebene Ölfeld mit 85 Bohrungen statt mit 222 ausbeuten.

Folgerungen

1. Die Abbauprojekte von Öllagerstätten müssen unter Anwendung der „Hydroerkundung" durchgeführt werden.
2. Die Ausbeutung der Schichten durch Abbohren der Lager nach geometrischen Netzen ist für die meisten Schichtlagerstätten völlig unrationell. Die Verbesserung des Systems der Verteilung von Bohrungen ist daher ein außerordentlich wichtiges Problem.
3. Es ist infolgedessen notwendig, bereits frühzeitig Maßnahmen zu ergreifen, die Ausbeute nach Galerieabschnitten oder Einzelbohrungen durchzuführen, die bestmöglich verteilt und dem realen Bau der Ölschicht angepaßt sind.
4. In der Nähe undurchlässiger Grenzen muß man eine gewisse Zahl der Bohrungen möglichst nahe an diese heranbringen, insbesondere auch an Scheitel der konkaven Winkel, die von den Grenzen gebildet werden.
5. Die „Hydroerkundung" muß bereits im Anfangsstadium der Erkundung einer Öllagerstätte mit den ersten 2—3 Bohrungen durchgeführt werden. Das Niederbringen der weiteren Erkundungsbohrungen muß unter Berücksichtigung der erhaltenen Ergebnisse ablaufen.

Zusammenfassung

Verf. weist anhand von Beispielen nach, wie es bei rechtzeitiger Anwendung hydrodynamischer Untersuchungen beim Aufstellen von Abbauprojekten für Erdöllagerstätten zu großen Einsparungen kommen kann.

Резюме

На основании примеров автор указывает, как можно своевременным применением гидродинамических исследований сэкономить значительные средства при составлении проектов разработки нефтяных месторождений.

Summary

Examples are given to show how expenses can be considerably cut down in mining projects for petroleum deposits, when hydrodynamic investigations are carried out in due time.

Literatur

JAKOWLEW, W. P.: Die hydrologische Erkundung von Öl- und Gashorizonten. — Gostoptechisdat, Moskau 1953.
— Operator zur Untersuchung von Erdölbohrungen. — Gostoptechisdat, Moskau 1959.
— Über die Verteilung der Bohrungen bei gespannten Wässern. — Neftjanoje chosjajstwo, Nr. 3—5 (1940).
— Zur Frage der Planung der Förderung (über die Gesetze der Überflutung einer geneigten homogenen Schicht bei gleichmäßiger Anordnung der Bohrungen). — Aserbajdshanskoje neftjanoje chosjajstwo, Nr. 7—8 (1938).
STJOPIN, I. G.: Anwendungsmöglichkeit hydrodynamischer Untersuchungen für das Aufsuchen abgeschirmter Erdöllager. — Z. angew. Geol., 8, Nr. 12, S. 632—636, Berlin 1962.
— Probleme der komplexen Erkundung von Erdöllagerstätten. — Z. angew. Geol., **9**, Nr. 6, S. 300—305, Berlin 1963.
STJOPIN, I. G., & G. M. JUDIN: Über die Nacherkundung von Erdölhorizonten mit Hilfe hydrodynamischer Untersuchungen (Hydroerkundung). — Geologija nefti i gasa, Nr. 3, Moskau 1962.
— Die komplexe Untersuchung des Horizonts D_I der Lagerstätte Bawly. — — Neftgasowaja geologija i geofisika, Nr. 5 (1962).
STJOPIN, I. G., & G. W. SCHTSCHERBAKOW: Die Verfeinerung des geologischen Baues der Horizonte D_3^{II} und D_2^{V} der Lagerstätte Sokolowa Gora unter Berücksichtigung hydrodynamischer Untersuchungen. — Nautschnotechnitscheski sbornik po dobytsche nefti WNII, Nr. 16 (1962).

MASTERKOW, A. M., B. A. RESNIK & G. I. SOLDATKIN, UdSSR

Vorbereitungsarbeiten für die Untergrundgasspeicherung in den Nishneschtschigrowsker Schichten[1]

Referiert von WILLI LANGE, Burg

Es werden einige Ergebnisse dargelegt, die bei der Errichtung des Untergrundgasspeichers Schtschjolkowo (nordöstlich Moskau) erzielt wurden.

Die Struktur ist eine flache Antiklinale mit einer Amplitude von 32 m. Das Speichergestein liegt im Top in 880 m Teufe. Es handelt sich um das oberste Sandpaket des mitteldevonischen Nishneschtschigrowsker Horizonts. In der Devon-Karbon-Schichtenfolge wurden Bruchstörungen usw. nicht angetroffen. Die Mächtigkeit des Speicherhorizonts schwankt zwischen 6—14 m. In der Kornverteilung des bindemittelarmen Quarzsands macht die Fraktion 0,10—0,25 mm etwa 70% aus. Teilweise sind schluffige Partien und/oder toniges Material vorhanden. Der Anteil der Ton-Schluff-Komponente ist in den Profilen unterschiedlich. Nach Laboruntersuchungen besitzt der Sand eine Permeabilität von 1,5—3,0 Darcy. Das Schichtwasser ist gespannt und gehört zum $CaCl_2$-Typ (Dichte 1,09). Der hydrostatische Druck beträgt im Topgebiet 89 at.

[1]) Aus: „Gasowaja prom.", H. 12, S. 36—39, Moskau 1963

Von den tieferen Sandschichten wird dieser Horizont durch eine 3—6 m mächtige Tonschicht getrennt, die jedoch ebenfalls wechselhaft ausgebildet ist und z. T. in sandige Tone übergeht. Durch hydrodynamische Untersuchungen mußten die Möglichkeiten evtl. Verbindungen zwischen den Sandhorizonten geklärt werden. Die mit 6''-Verrohrung ausgerüsteten Bohrungen wurden im Abschnitt des Speichers mit 10 Schuß/m perforiert. Bei den Pumpversuchen (Methode der konstanten Entnahme) erhielt man folgende Resultate:

Produktivität der Bohrungen für Wasser	130—500 m^3/d at,
Permeabilität:	2— 11 Darcy,
Druckleitfähigkeit:	110—540 · 10^3 cm^2/sec

Die Richtigkeit dieser Werte mußte bezweifelt werden, weil mit der Flüssigkeit erhebliche Sandmengen ausgetragen wurden. Es war daher wahrscheinlich, daß diese Parameter nicht die Schicht selbst, sondern die unstabile Sohlenzone charakterisieren. Auf Grund dieser Daten war die Einschätzung des Horizonts nicht durchführbar. Anzunehmen war allerdings, daß die Parameter grundsätzlich hohe Werte erreichen dürften, weil die erheblichen Wasserabgaben bei geringen Depressionen (1 at) erzielt wurden.

Von zwei mit geeigneten Filtern ausgerüsteten Sonden konnten die Spiegelanstiegskurven nach den Methoden von JAKOWLEW, TSCHARNI und SCHTSCHERBAKOW ausgewertet werden, wobei die Permeabilitätswerte gut übereinstimmen. Die „Abhör"-Methode (Wechselwirgung von Erregungs- und Beobachtungssonde) war weken zu geringer Depression nicht anwendbar. Die bei zwei ca. 500 m entfernten Bohrungen erhaltene Reaktionskurve ergab für die Permeabilität 0,9 Darcy.

Die Untersuchung der Pegelkurven nach dem Verfahren von BUSINOW & UMRICHIN führte zu der Feststellung, daß nicht nur die dem oberen Sandpaket entsprechenden 10—12 m wirksam sind, sondern daß eine mächtigere Schicht erfaßt wird (Verbindungen zu den im Liegenden befindlichen Horizonten).

Obwohl wegen der geringen Stabilität der Sohlenzone die notwendigen hohen Depressionen nicht erreicht werden konnten, die eine Aufklärung der Zusammenhänge erlaubt hätten, war es möglich, auf dieser Grundlage die Gaseinpreßversuche durchzuführen. Die Gasaufnahmefähigkeit erreichte hohe Werte (Bohrung 25 = $1 \cdot 10^6$ Nm^3/d). Mit Beginn der Einpressung erfolgte eine deutliche Reaktion in den Beobachtungssonden des Speicherhorizontes. Für die Hydroleitfähigkeit $K \cdot h/\mu$ wurden nun größere Werte ermittelt (im Vergleich zur Hydroerkundung). Die Tatsache deutet auf Kontakt mit den tieferen Sandschichten. Eine Bestätigung ist die Reaktion der im tieferen Horizont perforierten Sonde 23 auf die Gaseinpressung in das obere Sandpaket. Beim Gaseinpressen mit obengenanntem Gegendruck war demnach die Flüssigkeitsfiltration durch halbdurchlässige Schichten viel intensiver als bei der Wasserabnahme mit der Depression von 1 at.

Weil weder Hydroerkundung noch Gaseinpreßversuche die Bestimmung der effektiven Mächtigkeit und der mittleren Permeabilität ermöglichten, erwies es sich als zweckmäßig, diese Werte nicht zu trennen, sondern über die Hydroleitfähigkeit $K \cdot h/\mu$ die erforderlichen Berechnungen für die industrielle Einspeisung durchzuführen. Voraussetzung ist, daß die miteinander im Kontakt stehenden Horizonte von undurchlässigen Schichten im Hangenden abgeschirmt werden.

Beobachtungen an westerzgebirgischen Quecksilbervorkommen[1)]

HEINZ SCHULZ, Gera

Im westlichen Erzgebirge ging seit dem Mittelalter bei Hartenstein in mehreren Betriebsperioden ein bescheidener Bergbau auf Quecksilber um[2)], der am Ende des 18. Jahrhunderts seinen Höhepunkt fand, als die damaligen sächsischen Bergbehörden infolge der beabsichtigten Einführung des Amalgamierungsverfahrens an der Gewinnung einheimischen Quecksilbers interessiert waren. Dieser Bergbau wie auch die nach 1945 von der Staatlichen Geologischen Kommission durchgeführten Untersuchungsarbeiten vermochten aber keine wirtschaftliche Vererzung nachzuweisen. Das gleiche gilt auch für das im Jahre 1841 in Bockwa (heute zu Niederhaßlau gehörig) bei Zwickau in einem Steinbruch entdeckte Quecksilbervorkommen, dessen Untersuchung und Abbau durch die „Merkur-Fundgrube" erfolgte. In einer siebenjährigen Betriebsperiode wurden hier nur insgesamt 6,3 kg Quecksilber aus den geförderten Erzen gewonnen.

Bei der Durchmusterung von Sammlungsmaterial des Instituts für Mineralogie und Lagerstättenlehre der Bergakademie Freiberg[3)] wurden einige neue Beobachtungen gemacht, die es notwendig erscheinen lassen, die Aufmerksamkeit auf die mineralogisch interessanten, aber wirtschaftlich unbedeutenden Mineralfundpunkte zu richten und sie mehr als bisher mit in die lagerstättenkundlichen Überlegungen einzubeziehen.

[1)] Eingang des Manuskripts in der Redaktion: 1. 7. 1964

[2)] Erstmals erwähnt durch den Bergwerksvertrag zwischen dem Kurfürsten von Sachsen und dem Herrn von Schönburg aus dem Jahre 1529.

[3)] Außerdem konnte dankenswerterweise das in der Sammlung des VEB Geol. Erkundung Süd, Freiberg, und im Städt. Museum Zwickau befindliche Material der genannten Vorkommen durchgesehen werden.

Die Quecksilbervorkommen von Hartenstein

Die bisher bekannt gewordenen Vorkommen befinden sich im Tiefbachtal, südlich von Hartenstein. Die Vererzung ist fast ausschließlich an drei maximal 1 m mächtige Chloritschieferlagen gebunden, die in einer aus graugrünen Tonschiefern mit eingeschalteten Metadiabasen bestehenden Folge regionalmetamorpher Gesteine der vogtländisch-erzgebirgischen Phyllitformation aufsetzen. Mit großer Wahrscheinlichkeit sind am Aufbau dieser Folge vorwiegend ordovizische und silurische Gesteine beteiligt. Die Chloritschieferlagen werden durch eine dunkelgrün-schwärzliche Farbe, Seidenglanz und das reichliche Auftreten von Fettquarz in Form von Linsen bzw. Knauern gekennzeichnet. Durch verschiedene Grubenbaue wie den „Weidlich-Stollen", den „Beständig-Glück-Stollen" mit dem „Michaelis-Stollen" sowie den „Neuglück-Schacht" wurden diese Chloritschieferlagen untersucht und weitgehend abgebaut, so daß heute kaum noch anstehende Reste zu finden sind.

Abb. 1. Fettquarzlinse mit Zinnobervererzung in den zentralen Bereichen aus dem Chloritschiefer von Hartenstein (5113 ML Freiberg)

Die mit „ML Freiberg" bezeichneten Stufen entstammen der Sammlung des Instituts für Mineralogie und Lagerstättenlehre der BA Freiberg, während die Bezeichnung „SM" auf das Städt. Museum, Zwickau, hinweist

Abb. 2. Ordovizischer Quarzit aus der „Merkur-Fundgrube" mit einer etwa 3—5 mm mächtigen Lage von Zinnober und Limonit auf der Schichtfläche (4971 ML Freiberg)

Nach dem vorliegenden Material sind diese Lagen konkordant in den Tonschiefer eingeschaltet (gelegentlich durch einen schwachen Lettenbesteg getrennt) und besitzen ein mittleres Streichen von 60—80° bei einem Einfallen von 50—70° NW. Die darin vorkommende Quecksilbermineralisation befindet sich überwiegend in den weißen Fettquarzknauern, da in diesen offenbar die günstigsten Bedingungen für die Spaltenbildung vorhanden waren. Dagegen ist im Chlorit- und auch im benachbarten Tonschiefer eine derartige Vererzung nur in geringen Spuren nachweisbar.

Nach makro- und mikroskopischen Beobachtungen kann man in der Mineralisation zwei Etappen unterscheiden. Die erste ist durch die Bildung der Fettquarze und geringer Mengen feinkörnigen Pyrits gekennzeichnet. Nach einem offensichtlich längeren Zeitraum kam es nach vorangehender Kluftbildung zur Ausfällung der eigentlichen Quecksilbermineralisation. Diese wird durch eine karbonatische Gangart, beginnend mit Serizit und Dolomit, worauf weißlich-farbloser Kalzit folgt, abgeschlossen. Dazu kommen noch als Erzmineralien besonders Kupferkies, selten Pyrit und ferner Zinnober. Besonders der letztgenannte kann sehr auffällig werden (Abb. 1). Er erscheint entweder selbständig oder gemeinsam mit der karbonatischen Gangart im Quarz, wobei er kleinere Aggregate bilden kann. Gelegentlich tritt er auch in Form von bis zu cm-großen Verwachsungen mit einzelnen ausgebildeten XX-Flächen (bis zu 7—8 mm Größe), meist aber xenomorph oder in Form geringmächtiger Beschläge auf kleinen Klüftchen im Quarz (sehr selten auch im Schiefer) auf. Infolge der geringen Teufe der ehemaligen Aufschlüsse sind natürlich auch zahlreiche Oxydationsbildungen, besonders bei der mikroskopischen Beobachtung, zu erkennen. Hierher gehört die Bildung von Eisenhydroxyden, Kupferglanz, Covellin und möglicherweise auch die der Tonmineralien.

Eine zum Vergleich durchgeführte Spektralanalyse von Zinnober (gut ausgebildete, mehrere mm große Kriställchen) ergab die in Tab. 1 angeführten Gehalte an Spurenelementen.[4])

Tabelle 1.

Be	Sb	Zn	As	Cu	Sn	Cd	Mn	Ag	Pb
—	—	< 100	100	< 30	< 30	—	< 30	—	< 30

Diese Zinnoberprobe zeigt außer As kaum Verunreinigungen, die geochemisch bedeutend sind.

Die Quecksilbervorkommen von Bockwa (Niederhaßlau)

Das im Jahre 1841 entdeckte Vorkommen wurde durch den Steinbruchbetrieb auf dem sogenannten Sandberg gefunden und, wie schon erwähnt, in den folgenden Jahren durch die etwa 12 m tiefe „Merkur-Fundgrube" bebaut.

Die Quecksilbervererzung befindet sich auf einer NE—SW streichenden Gangzone mit 75—80° Einfallen nach SW, die den Charakter einer tektonischen Zerrüttungszone besitzt. Nach BREITHAUPT (1843, 1852) handelt es sich teilweise um Klüfte in der Schichtung

Abb. 3. Körperlich erhaltene Zinnoberdentriten auf einer mit Limonit gefüllten Kluft im ordovizischen Quarzit der „Merkur-Fundgrube" von Bockwa (3670 SM Zwickau)

[4]) Diese wie auch die nachfolgenden Spektralanalysen wurden von Herrn Dipl.-Min. SCHRÖN am Institut für Mineralogie und Lagerstättenlehre der BA Freiberg durchgeführt. Die quantitativen Angaben gelten nur größenordnungsmäßig.

Tab. 2.

Probe Nr.		Be	Sb	Zn	As	Cu	Sn	Mn	Ag	Pb	Al	Si
Z^I	4970	200	200	600	200	~ 1000	50	100	–	< 30	++	+++
	4971	< 30	–	≧ 10000	200	~ 300	200	70	< 30	< 30	+	++
	4973	–	100	≧ 10000	200	~ 300	300	< 30	< 30	30	+	++
Z^{II}	367oa	–	–	≧ 10000	700	~ 300	30	70	< 30	< 30	///	+
	367oa	–	200	600	500	30–100	300	< 30	< 30	< 30	///	+
	367oc	–	100	≧ 10000	500	~ 300	–	30	< 30	30	///	+

(auch durch den Befund des Sammlungsmaterials bestätigt, Abb. 2) eines offensichtlich oberordovizischen gelbgrauen bis rötlichen Quarzits, wobei unklar ist, ob dieser ein Äquivalent des Hauptquarzits oder des Döbrasandsteins ist. Dagegen sind aus dem benachbarten Tonschiefer der „Merkur-Fundgrube" keine Zinnoberfunde bekannt geworden. Eine makro- und mikroskopische Betrachtung der vorkommenden Mineralisation anhand des Sammlungsmaterials zeigt ebenfalls, daß man zwischen der weitverbreiteten Quarz- (meist in Form von zahlreichen Trümern) und der eigentlichen, aber viel jüngeren Quecksilbermineralisation unterscheiden muß. Die von Bockwa erhaltenen Mineralstufen stammen durchweg aus dem Bereich der Oxydationszone. Infolgedessen besteht die jetzige Mineralisation überwiegend aus z. T. braungelben, nierig-traubigen Krusten von Eisenhydroxyden, die gelegentlich eigenartige zellige, aber auch strahlige, gelbe Strukturen aufweisen, die stark an Antimonocker erinnern. Außerdem findet man darin zahlreiche Pseudomorphosen nach anderen Mineralien, so z. B. von Limonit nach Pyrit mit etwa 5 mm großen Pentagondodekaedern. Daneben entdeckt man im Anschliff stets kollomorphe Strukturen von Manganoxyden, die mit den beiden limonitischen Komponenten Nadeleisenerz und Rubinglimmer verwachsen sind und meist deren äußere Partien bilden.

In gewissem Umfang kommen auch Tonmineralien vor, die aber nicht nur an die Klüfte gebunden sind, sondern auch unmittelbar im Quarzit auftreten. Allem Anschein nach handelt es sich dabei um Mineralien der Kaolingruppe. Zinnober tritt in diesen Trümern in zwei Generationen auf. Zinnober I stellt die Hauptform dar und bildet innige Verwachsungen mit dem Limonit, meist in Form von etwa 5 mm mächtigen Zinnoberkrusten. Gelegentlich kann er aber auch mengenmäßig zurücktreten und gerade dann kleine, gut ausgebildete Kriställchen bilden. Der größte Teil aber hat die Form geringmächtiger Beschläge mit Limonit auf Klüften im Quarzit.

Zinnober II besteht demgegenüber aus den bei der Oxydation umgelagerten Quecksilbersulfiden, die oftmals in beträchtlichem Umfang als auffällige Gebilde hervortreten. Hierzu gehören die weitverbreiteten Anflüge von pulvrigem Zinnober (scharlachroter oder hochroter Zinnober nach BREITHAUPT), die sich besonders in limonitischen Auslaugungshohlräumen befinden. Weiterhin bildet der Zinnober II auch Dentriten (Abb. 4) und strahlige Bildungen von mehreren cm Länge, die auf nachträgliche Umwandlungen hindeuten. BREITHAUPT, der die „Merkur-Fundgrube" kurz nach ihrer Inbetriebnahme im Jahre 1841 befuhr, erwähnte außer den schon genannten Mineralien noch Hämatit, Schwerspat und gediegen Schwefel. Davon konnte aber in dem vorliegenden Sammlungsmaterial nichts gefunden werden.

Einige Spektralanalysen von Quecksilbererzen der „Merkur-Fundgrube" ergaben die in Tab. 2 aufgeführten Gehalte an Spurenelementen.

Die ersten drei Zinnoberproben gehören der 1. Generation (Z^I) an, während die letzten drei zur zweiten Zinnobergeneration (Z^{II}) gehören. Außerdem sind darin in wechselnden Mengen noch Eisenhydroxyde enthalten. Vergleicht man die beiden Zinnobergenerationen nach ihrem Gehalt an Spurenelementen, so fallen besonders einige Elemente auf, wie Beryllium, Zinn und Kupfer, die in der ersten Generation, und Arsen, das in der zweiten Generation angereichert wurde. Die übrigen Spurenelemente zeigen demgegenüber keine auffallenden Unterschiede. Erwähnenswert ist die relativ hohe Konzentration von Antimon, die neben der von Arsen genetische Rückschlüsse ermöglicht und auch die Annahme selbständiger Antimonmineralien stützt. Was die Konzentration von Beryllium in einigen Proben der ersten Zinnobergeneration anbelangt, so ist diese möglicherweise auf die relativ starke Verunreinigung durch Gangmineralien zurückzuführen (siehe auch die Angabe von Al und Si). Außer dem erwähnten Quecksilbervorkommen von Bockwa („Merkur-Fundgrube") scheinen in der Umgebung noch weitere zu existieren. So befindet sich in der Sammlung des Instituts für Mineralogie und Lagerstättenlehre der BA Freiberg noch eine 1912 gefundene Zinnoberstufe (Nr. 4972), die besondere Beachtung verdient, da als Fundort das Planitzer Flöz von Bockwa (d. h. Westfal D) genannt wird und damit eine gewisse Altersbestimmung ermöglicht wird. Die genannte Stufe besteht aus einer Sphärosideritknolle, auf deren Schrumpfrissen sich

Abb. 4. Sphärosideritknolle aus dem Planitzer Flöz von Bockwa, die auf Schrumpfrissen neben anderen Sulfiden auch feinkristallinen Zinnober aufweist (4972 ML Freiberg)

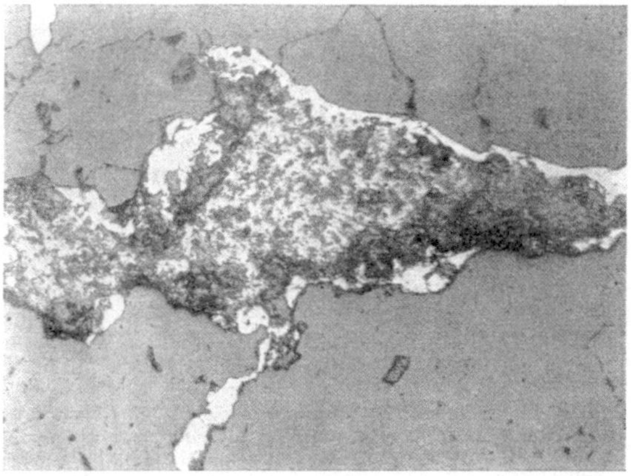

Abb. 5. Zinnober, randlich von Kupferkies umgeben, korrodiert von einer Kluft aus Quarz. Infolge von Oberflächeneinflüssen besitzt der Zinnober schlechtes Polierverhalten. Fundstätte Hartenstein (Vergrößerung 200:1)

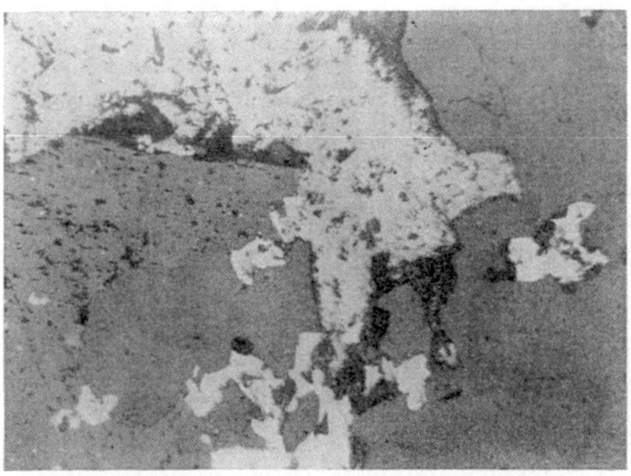

Abb. 6. In einer Quarzschmitze dringt gemeinsam mit karbonatischer Gangart Kupferkies und Zinnober korrodierend vor. Fundstätte Hartenstein (Vergrößerung 140:1)

eine Mineralisation befindet, die mit zahlreichen kleinen, aber gut ausgebildeten flächenreichen hellbraunen Zinkblendekristallen (bis zu etwa 6 mm Größe) beginnt. Darauf folgen Bleiglanz, fein verteilte Tonmineralien der Kaolingruppe, Zinnober und schließlich untergeordnet auch etwas Pyrit. Mit Ausnahme der Tonmineralien weisen alle genannten Mineralien ausgezeichnet ausgebildete kleine Kriställchen auf.

Nimmt man die Ergebnisse der beiden wichtigsten Vorkommen von Hartenstein und Bockwa zusammen und berücksichtigt auch die Oxydationsprodukte, so kommt man zu dem in Abb. 7 wiedergegebenen (verallgemeinerten) Paragenesenschema der genannten Quecksilbermineralisation. Sie beginnt mit der Ausfällung von Pyrit in einer quarzigen Gangart und wird nach einer längeren Pause durch die in der Reihenfolge Siderit — Dolomit — Kalzit folgenden Karbonate fortgesetzt. Mit den letztgenannten Mineralien erfolgt auch die Ausfällung der Erzmineralien Kupferkies, Kupferglanz und vor allem, zusammen mit Kalzit, auch von Zinnober. Die eventuelle Anwesenheit von Antimonglanz kann nicht sicher belegt, aber nach den Oxydationsprodukten erwartet werden. Mit der Ausfällung von Zinnober ist der endogene Teil der Mineralisation abgeschlossen. Durch darauffolgende Oxydationsvorgänge fand eine tiefgehende Umwandlung des ursprünglichen Mineralbestandes statt, wodurch das heutige Bild geprägt wurde, das durch Eisen- und Manganoxyde (letztere dürften aus dem Siderit und Dolomit stammen) sowie Kupfer- und Antimonoxydationsprodukte gekennzeichnet ist, während Zinnober nur teilweise umgelagert wurde und stofflich erhalten blieb.

Was die räumliche Lage der Vererzung anbelangt, so ist festzustellen, daß sich die Quecksilbervorkommen von Hartenstein und Bockwa im Bereich des großen regionalen Störungssystems Roter Kamm — Oberhohndorfer Hauptverwerfung befinden, das sich noch weiter nach NW verfolgen läßt. Es scheint, daß dieses Störungssystem den Transport quecksilberhaltiger Lösungen über größere Entfernungen ermöglichte, die Ausfällung der eigentlichen Quecksilbermineralisation aber auf Störungen geringerer Ordnung erfolgte. Dabei traten die für die Kluftbildung günstigen Nebengesteine (Quarzit und Quarzlinsen im Chloritschiefer) als produktive Horizonte auf. Trifft die Annahme einer Bindung der Quecksilbermineralisation an dieses herzyn streichende tektonische Großelement zu, dann können sich weitere Vorkommen ähnlicher Art in dieser tektonischen Zone befinden und einen Übergang zu den in Ostthüringen im Bergaer Sattel bekannten niedrigthermalen Antimonlagerstätten bilden.

Diese Frage bedarf weiterer Untersuchungen, wie auch die einer möglichen Verbindung der beschriebenen Quecksilbermineralisation mit den benachbarten bekannten westerzgebirgischen hydrothermalen Gangvererzungen im Raume von Schneeberg. Nach der Zusammensetzung der Gangarten (Siderit — Dolomit — Kalzit), der ebenfalls sehr niedrigen Bildungstemperatur (etwa 80—150° für Zinnober), dem Vorkommen von Zinnober in oberkarbonischen Sedimenten und nicht zuletzt bei der geringen räumlichen Entfernung erscheint die Verbindung mit der jüngsten hydrothermalen erzgebirgischen Mineralisation der sogenannten AgS-Formation möglich. Dabei soll auf die zur Zeit diskutierte Frage der Altersstellung nicht eingegangen werden. Unter anderem deuten auf die erwähnte Verbindung auch der relativ hohe As- und Sb-Gehalt im Zinnober und das Vorkommen von Antimonmineralien hin. Möglicherweise handelt es sich bei diesen Bildungen lediglich um die magmafernere Ausbildung der AgS-Formation. Eine Entscheidung dieser Frage ist aber bei den derzeitigen Aufschlußverhältnissen noch nicht möglich. Auf jeden Fall erscheint es zweckmäßig, die westerzgebirgischen Quecksilbervorkommen in den

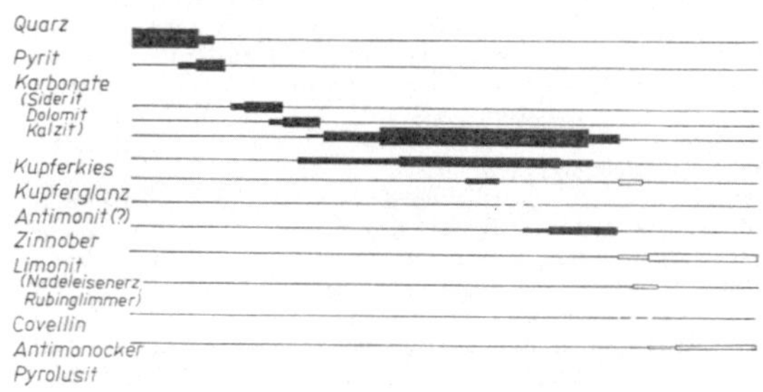

Abb. 7. Paragenetisches Schema der westerzgebirgischen Quecksilbermineralisation

allgemeinen Zyklus der hydrothermalen Vererzung des Erzgebirges von variskischem oder alpidischem Alter mit aufzunehmen. Das von SCHEUFELE (1940) angenommene kaledonische Alter dieser Mineralvorkommen kann nach den vorliegenden Beobachtungen nicht aufrechterhalten werden.[5])

Zusammenfassung

Anhand von Sammlungsmaterial der von den Alten bebauten westerzgebirgischen Quecksilbervorkommen von Hartenstein und Bockwa werden neue mineralogische und paragenetische Beobachtungen mitgeteilt. Die genannten Vorkommen sind danach an das regionale, herzyn streichende Störungssystem Roter Kamm—Oberhohndorfer Hauptverwerfung und an seine nordwestliche Fortsetzung gebunden. Das kaledonische Alter der Vererzung ist nicht aufrechtzuhalten, die Mineralisation ist vielmehr ein Bestandteil der bekannten westerzgebirgischen hydrothermalen Vererzung und kann als deren jüngstes Äquivalent angesehen werden.

Резюме

На основе коллекции материала о западнорудногорских ртутных проявлениях около Хартенштейна и Бокау, обработанных старателями древних времен, делаются сообщения о новых минералогических и парагенетических наблюдениях. По этим данным указанные проявления приурочены к региональной системе главных нарушений ,,Roter Kamm—Oberhohndorf", имеющей герцинское простирание, и ее северо-западному продолжению. Каледонский возраст оруденения невозможно подтвердить. Минерализация является составной частью известного гидротермального западнорудногорского оруденения и может рассматриваться как его самый молодой аналог.

Summary

On the basis of materials collected from the formerly mined mercury occurrences of Hartenstein and Bockwa, an account is given of new mineralogical and paragenetic observations. They show that the occurrences mentioned are confined to the regional system of disturbance Roter Kamm—main fault of Oberhohndorf striking in a Hercynian direction, and to its continuation towards the northwest. The Caledonian age of the mineralization cannot be maintained, this is rather a constituent of the known hydrothermal mineralization of the West Erzgebirge and may be regarded as its youngest equivalent.

Literatur

BEYER: Beiträge zur Bergbaukunde, S. 124—148, Dresden 1794.

BREITHAUPT: Jahrbuch für Berg- u. Hüttenwesen, S. 84, Freiberg 1843. — Berg- u. Hüttenm. Zeitung, S. 84, Freiberg 1852.

DALMER, K.: Erläuterungen zur Geologischen Spezialkarte, Sektion 126, Lößnitz—Zwönitz, II. Aufl., Leipzig 1913.

FRENZEL, A.: Mineralogisches Lexikon für das Königreich Sachsen. Verl. Wilh. Engelmann, Leipzig 1874.

OELSNER, O.: Die erzgebirgischen Granite, ihre Vererzung und die Stellung der Bi-Co-Ni-Formation innerhalb dieser Vererzung. — Geologie, 7, 3—6, 682—701, 1958.

SCHEUFELE, G.: Über die Zinnobervorkommen von Niederhaßlau, Hartenstein und Schönbach. — Bergmänn. Diplomarb., BA Freiberg 1940.

Betriebsunterlagen des VEB Geol. Erkundung Süd, Freiberg.

[5]) Allen denen, die durch ihre Unterstützung die vorliegende Arbeit ermöglichten, insbesondere Herrn Prof. Dr. RÖSLER, Direktor des Instituts für Mineralogie und Lagerstättenkunde, Herrn Dipl.-Geol. GOTTE, Chefgeologe des VEB Geologische Erkundung Süd, und Herrn WOLF, Leiter des Städt. Museums in Zwickau, sei der Dank ausgesprochen.

A. I. LISIZYN & S. I. MORMIL

Die Anwendung der hydrochemischen Methode bei der Suche von Berylliumlagerstätten[1])

Referiert von G. TZSCHORN, Berlin

Arbeiten, die einen Versuch zur Anwendung der hydrochemischen Methode bei der Beryllium-Suche darstellen, wurden in einem Gebiet berylliumführender Gänge durchgeführt. Das Gebiet, ein schwach hügliges, sumpfiges Gelände, wird von zahlreichen Flüssen durchschnitten. Die Wasserscheiden liegen 140—145 m über den Tälern. Der untersuchte Bereich befindet sich im Exokontakt eines Granitmassivs und wird von kristallinen Schiefern, Gneisen, metamorphosierten Sedimenten und magmatischen Gesteinen, die kleine Serpentinit- und Gabbro-Amphibolit-Körper umschließen, aufgebaut. Die verstreut liegenden Glimmer-Plagioklas-, Glimmer- und Pegmatitgänge kommen in einem Serpentinitmassiv in der Nähe des Granitkontakts und in den Gneisen, Schiefern und Graniten vor.

Eine Gleichförmigkeit der Gänge in bezug auf Zusammensetzung, Bau, Besonderheit und Grad der Mineralisation wird nicht beobachtet. Die Gänge bestehen hauptsächlich aus Mikroklin, Muskovit, Albit, Turmalin, Quarz, Chlorit, Granat. In den Glimmergängen kommen außerdem Plagioklas, Phlogopit, Biotit und Aktinolith hinzu. An Erzmineralen sind Beryll, in geringen Mengen Columbit, Wolframit und Titanomagnetit vorhanden. Beryll kommt in kleinkristalliner und drusiger Form vor.

Das Untersuchungsgebiet wird von sandig-tonigen Alluvial- und Eluvial-Deluvial-Bildungen mit 0,2 bis 7 und mehr Meter Mächtigkeit überdeckt. Die meisten Gänge liegen unter nur relativ geringer Bedeckung. Die Wässer werden in drei Typen unterteilt: in Oberflächenwässer, Grundwässer der Alluvionen und Kluftwässer. Die Grundwässer sind an die sandig-kiesigen Schichten in ca. 8 m Tiefe gebunden. Die Kluftwässer sind weit verbreitet, besitzen jedoch fast keine natürlichen Austritte. Ihre Spende schwankt zwischen 0,1 und 0,5 l/sec.

Die hydrochemischen Untersuchungen wurden vor allem im hydrographischen Netz vorgenommen. Gleichzeitig wurden alle Quellen und Grundwässer, soweit sie in Schürfen von 2—5 m aufgeschlossen waren, beprobt. Aus den Oberflächenwässern wurden Grundproben der schlammig-tonigen Ablagerungen entnommen.

Die Versuchsarbeiten entsprachen den ,,vorläufigen methodischen Hinweisen zur Anwendung der hydrochemischen Methode" (nach A. A. BRODSKI) im Maßstab 1:25000. Der Probenahmeabstand richtete sich nach den gegebenen geologischen Besonderheiten und dem Grundwasserstrom. In jedem Probepunkt wurden 0,5 bis 2,5 Liter Wasser für die chemische und spektralanalytische Untersuchung gezogen. Bei günstigen Ablagerungsbedingungen schlammig-tonigen Materials wurde gleichzeitig eine Grundprobe von 40 bis 50 g Gewicht entnommen. Die Untersuchungen schlossen eine chemische Voll- und Teilanalyse des Wassers ein. Beryllium und andere seltene Elemente wurden in den Verdampfungsrückständen der Proben spektralanalytisch bestimmt. Die Oberflächenwässer wiesen Unterschiede auf. Es überwogen Hydrokarbonat-Kalzium-Magnesium- und Hydrokarbonat-Magnesium-Wässer. Die Mineralisation betrug 240—500 mg/l, ihr pH-Wert 6,5—7,5.

Unter den hydrokarbonatischen Wässern befinden sich anomale Hydrokarbonat-Sulfat- und Hydrokarbonat-Chlor-Wässer mit erhöhten Natriumgehalten und relativ geringer (150 mg/l) Mineralisation. Die Oberflächenwässer enthalten in äußerst unregelmäßiger Verteilung Mn, Ti, Be, Sn, Cu, Pb, Ni, Cr, V und Sb. Die Schwellengehalte betragen für Mn und Sb 0,006%, für Ti 0,008%, für Cu und Pb 0,0001%,

[1]) Eingang des Manuskripts in der Redaktion: 5. 6. 1963. Aus: ,,Raswedka i ochrana nedr", Nr. 3, S. 20—23 (1963).

für Ni 0,002%. Anomale Gehalte steigen auf den 3- bis 6- und sogar 40fachen Wert des Schwellengehalts an. Beryllium ist in den Oberflächenwässern in Spuren bis 0,0001% enthalten. Die anomalen Gebiete konnten nach erhöhten Berylliumgehalten ausgeschieden werden. Die Mineralisation der Wässer anomaler Gebiete beträgt 60—150 mg/l bei einem pH-Wert von 5,5—6,5. V, Sb, Pb, Ni, Cr, Ti zeigen relativ erhöhte Gehalte. Beryllium konnte nur 100—150 m von Gangkörpern entfernt nachgewiesen werden.

Die Proben aus Grundablagerungen zeigten im allgemeinen die gleichen Tendenzen wie die Elementgehalte der Oberflächenwässer. Ein Unterschied besteht in ihrer höheren Konzentration. Die Schwellengehalte betragen: Be 0,0001%, Sn, Ti 0,3%, V 0,03%, Zr 0,004%, Mn 0,01%, Cr 0,04%, Pb 0,001%, Cu 0,001%. Anomale Gebiete werden bei Gehalten, die das 1,5- bis 10fache des Schwellengehalts betragen, ausgeschieden. Beryllium ist in allen Bodenproben gefunden worden. Anomale Gehalte betragen das 1,5- bis 3fache von 0,0001%. In der Nähe von Erzkörpern wurden erhöhte Gehalte von Be, Sn, Mn und Ti beobachtet.

Kluft- und Grundwässer wurden nur im Hauptteil des Erzfeldes untersucht. Sie haben die gleiche Zusammensetzung wie die Oberflächenwässer. Ihr pH-Wert schwankt zwischen 5,9 und 6,5, was mit dem Einfluß des Gangfeldes in Verbindung gebracht wird. Die Mikroelementzusammensetzung ist in den Kluft- und Grundwässern verschiedenartiger als in den Oberflächenwässern. Beryllium ist in Spuren bis 0,001% nur in gangnahen (200—300 m) Bereichen nachzuweisen. Beachtenswert ist, daß in der Nähe von berylliumführenden Gängen in den Wässern Zinn auftritt. Unter ähnlichen hydrogeologischen, geomorphologischen und klimatischen Bedingungen kann die hydrochemische Methode bei der Suche von Beryllium mit Erfolg eingesetzt werden.

Bei geologisch günstigen Voraussetzungen können folgende Suchkriterien zur Abgrenzung perspektivischer Gebiete beryllführender Gänge gelten:

1. Vorhandensein von Beryllium verschiedener Konzentrationen (bis zu Spuren) und Auftreten von Zinn;

2. Vorhandensein einer Vielzahl von Elementen mit teilweise erhöhten Gehalten in den Oberflächenwässern und den tonigen Grundablagerungen und von Beryllium in den Grundablagerungen;

3. Auftreten von anomalen Gebieten hydrokarbonatisch-chloridischer und hydrokarbonatisch-sulfatischer Wässer in für die Region normalen Hydrokarbonatwässern bei geringer Mineralisation, niedrigem pH-Wert und erhöhten Natriumgehalten.

Unter den Bedingungen der untersuchten Erzvorkommen liefert die Methode der Entnahme von Grundablagerungen gute Ergebnisse.

Die Berechnung von Dachschiefervorräten in Lagerstätten[1]

REINER SCHUBERT, Lehesten, & FRIEDRICH STAMMBERGER, Berlin

(Mitteilung Nr. 12 der ZVK)

Bei der Verabschiedung der 1. Naturstein-Instruktion vom 17. Dezember 1963 wurden Dachschiefergesteine ausgenommen, weil sich aus der Spezifik ihrer Erkundung wesentliche Besonderheiten für die Berechnung der Lagerstättenvorräte ergeben. Diese Besonderheiten werden nachfolgend erläutert und entsprechende Hinweise für die Vorratsberechnung gegeben.

1. Der Rohstoff Dachschiefer und seine Lagerstätten in der DDR

Für die Herstellung von Dach- und Wandschiefer eignen sich reine Tonschiefer, die sich in dünne, ebene, ausreichend große Platten spalten und in bestimmte Formen zuschneiden lassen sowie eine gewisse Elastizität aufweisen. Neben Frost- und Hitzebeständigkeit ist vor allem eine geringe Wasseraufnahmefähigkeit des Rohstoffs für diesen Verwendungszweck von Bedeutung; Gehalte an Kohlenstoff und Pyrit sind unerwünscht.

Diesen Anforderungen werden in der DDR nur die Gesteine der Dachschieferlager des Unterkarbons im ostthüringischen Schiefergebirge gerecht, wenn deren Schieferung ausreichend intensiv ist und die Klüftigkeit der Gesteine die Gewinnung maßgerechter Gesteinsblöcke zuläßt. Sie bilden heute in der DDR die alleinige Rohstoffbasis des Dachschieferbergbaus (Raum Lehesten — Unterloquitz).[2]

Der Unterkulm besteht (vom Liegenden zum Hangenden) aus dem Obersten Kalkknotenschiefer, dem Rußschiefer, dem dunkelkiesigen Schiefer, dem Hauptdachschieferlager sowie der Bordenserie mit eingelagerten Quarziten und dem oberen Dachschieferlager. Das Hauptdachschieferlager wird seinerseits in zwei petrographisch unterscheidbare Zonen gegliedert, in den blauen und den dunklen Lagerstein. Der blaue Lagerstein besteht fast nur aus schuppigen Silikaten, ist — außer an seiner Liegendgrenze — sehr pyritarm, praktisch frei von Kohlenstoff und deshalb äußerst wetterbeständig. Der dunkle Lagerstein erreicht infolge seines Gehalts an Kohlenstoff und feinverteiltem Pyrit nicht ganz die Wetterbeständigkeit des blauen Lagersteins.

Das Liegende des blauen Lagersteins bildet der dunkelkiesige (um Lehesten dunkelkiesig-bordige) Schiefer. Im Tagebau wird er zumeist mitgewonnen, im Tiefbau nur gelegentlich. Beim Zurücktreten der (Nußgröße und mehr erreichenden) Pyritknollen und bei genügender Dünn- und Ebenspaltigkeit wird er zu geringwertigem Dachschiefer, sonst zu Baubedarfsgütern (Blendsteinen, Fenstersohlbänken, Bodenplatten u. ä.) verarbeitet.

Aus dem oberen Dachschieferlager (milden blauen Borden) wird zwar ein sehr wetterfester Dachschiefer gewonnen, er hat jedoch ein streifiges Aussehen und geringere Deckfähigkeit[3]) als derjenige aus dem Hauptdachschieferlager. Sein Anteil an der Gesamtdachschieferproduktion ist gering.

Dachschiefer wird in den Spalthütten aus sog. Rohstein hergestellt. Mit Rohstein wird jener beim Abbau neben der Schutte (= Abfall) anfallende Teil des Dachschieferlagers bezeichnet, der sich infolge

[1]) Eingang des Manuskripts in der Redaktion: 6. 8. 1964

[2]) Die Dachschieferzone in den ordovizischen Phycodenschichten wird heute nur noch als Rohstoff für die Schiefermehlproduktion genutzt (Schwarzatal, Tschirma bei Greiz), da das Ausbringen an Dachschiefer zu gering und die Spaltbarkeit oft unvollkommen ist.

[3]) Die Deckfähigkeit des Dachschiefers ist eine Funktion seiner Dünnspaltigkeit (je dünner die Schieferplatten, um so größere Flächen können mit einer Gewichtseinheit Schiefer gedeckt werden). Nach der Deckfähigkeit werden im Handel drei Sorten unterschieden, mit denen 1,8 m², 1,6 m² oder 1,45 m² Fläche (bei 29% Höhen- und Seitenüberdeckung und einer Dachneigung von 45°) aus 50 kg Dachschiefer gedeckt werden können.

seiner Großstückigkeit, Ebenspaltigkeit und sonstigen Beschaffenheit für die Weiterverarbeitung eignet. Bei dieser Verarbeitung entsteht eine weitere Menge an Abfall, der ebenfalls als Schutte bezeichnet wird und in der Regel zwischen 55 und 57% des Rohsteins ausmacht.

Der Rohsteinanteil des Dachschieferlagers hängt ab:

a) von natürlichen Faktoren (insbesondere der Klüftigkeit und Ebenspaltigkeit des Gesteins);

b) von der Art und Weise des Abbaus und der Gewinnung [Anteil und Art der Schießarbeiten, Sorgfalt der Sortierung und des Zerlegens („Austeilens") zu großer Blöcke].

Der Abfall bei der Rohsteingewinnung aus dem Lagergestein und bei der Dachschieferherstellung aus dem Rohstein (Schutte) kann zu Porensinter u. a. verarbeitet werden. Seine Nutzung erfolgt gegenwärtig jedoch nur in geringem Umfang.

Die in der DDR derzeit bekannten und genutzten Dachschieferlagerstätten gehören alle dem gleichen Typ[4]) an und erfordern zu ihrer Untersuchung im allgemeinen den gleichen Aufwand.

2. Die Untersuchung des Rohstoffs und der Lagerstätten

Als Rohstoff wird in der Dachschiefererkundung sinnvoll das tektonisch nicht zerrüttete Lagergestein betrachtet, d. h. Teile der Dachschieferlager. Der für die Produktion wichtige Rohstein- (und Dachschiefer-)Anteil entzieht sich während der Erkundung einer exakten Ermittlung. Er kann während der Erkundung in Abhängigkeit von den konkret durchgeführten Untersuchungen nur mehr oder minder genau geschätzt werden.

Erkundungsarbeiten werden gegenwärtig ausschließlich auf das Hauptdachschieferlager angesetzt. Es stellt die Hauptgrundlage der Dachschiefergewinnung dar.

Mit Hilfe von OT-Bohrungen kann oftmals nur die Ausbildung bzw. Anwesenheit des Dachschieferhorizonts nachgewiesen werden, in günstigen Fällen auch die des Hauptdachschieferlagers. Selbst bei Auswertung regionaler tektonischer Kenntnisse ist es unter diesen Umständen im günstigsten Falle nur möglich, prognostische Vorräte an brauchbarem Lagergestein nachzuweisen, weil bei der Bohrerkundung viele für einen exakten Vorratsnachweis unerläßliche Fakten (konkreter Verlauf tektonischer Störungen, Mächtigkeitsanschwellungen und -ausdünnungen in den Scharnieren und Schenkeln der Falten, die Kleintektonik und Klüftung, die nur in allgemeinen Zügen mit den größeren Störungen in Beziehung steht, u. a.) ungeklärt bleiben.

Nach dem Kerngewinn, seiner Stückigkeit und den geophysikalischen Meßergebnissen kann die Klüftigkeit des durchteuften Lagers zwar in der unmittelbaren Umgebung der Bohrung beurteilt, es können jedoch keine zwingenden Schlüsse über die Verteilung der schnittigen Bereiche innerhalb des Lagers gezogen werden.

Die Ursache hierfür ist der sprunghafte Wechsel der Klüftigkeit des Gesteins [zu engklüftiges, sog. schnittiges Lagergestein ergibt bei der Gewinnung nur kleinstückiges, für die Dachschieferherstellung ungeeignetes Material (Schutte)].

Bohrungen werden folglich mit ausreichendem Erkundungseffekt nur bei der Lagerstättensuche und — in Verbindung mit anderen technischen Mitteln — bei der Vorerkundung niedergebracht.

Der Kerngewinn muß — wenn prognostische Lagerstättenvorräte ausgewiesen werden sollen — im Lager mindestens 80% betragen. Wird in klüftigen Gesteinen dieser Kerngewinn nicht erreicht, kann der ausgebrachte Restkern einer Bohrung nur dann zur Vorratsberechnung herangezogen werden, wenn er mit Hilfe stratigraphischer, geophysikalischer, geochemischer o. a. Angaben eindeutig in das Profil eingeordnet werden kann. Bohrlochneigungsmessungen sind in jedem Falle unerläßlich.

Die Abstände der Bohrungen sind von den konkret vorliegenden Verhältnissen abhängig. Sie können daher nicht vorgeschrieben, sondern müssen vom Erkundungsgeologen ermittelt werden. (Die in der Tabelle angegebenen Richtwerte für bergmännische Arbeiten stützen sich auf die praktische Erfahrung in der DDR und unterstellen durchschnittliche Lagerstättenverhältnisse.) Der Erkundungsgeologe ist in jedem Falle verpflichtet, die Richtigkeit der von ihm gewählten Erkundungsabstände (auch bei Übernahme der Richtwerte) zu begründen.

Die Erkundungsaufschlüsse müssen bis ins Liegende des in die Berechnung eingehenden Rohstoffkörpers gestoßen werden.

Die Abraumverhältnisse bei künftigen Tagebaufeldern sind durch Schürfe oder flache Bohrungen zu klären. Zur Abgrenzung des Abraums und der Zersatzzonen vom nutzbaren Gestein werden oft geophysikalische Verfahren, insbesondere im Stadium der Vorerkundung, mit Erfolg angewendet.

Mit Hilfe bergmännischer Arbeiten können die Dachschieferlager gründlicher erkundet werden. Dabei ist es möglich, durch sorgfältige geologische Dokumentation nach den gemachten Beobachtungen eine Lokalisierung und Ausblockung der unbrauchbaren Bereiche innerhalb der Lagerstätte mit genügender Genauigkeit vorzunehmen. Ebenso kann oft der Rohsteinanteil[5]) am ausgeblockten Lagergestein relativ gut eingeschätzt werden.

Die Sohlenabstände der Erkundungsstrecken betragen dabei im allgemeinen ~50 m, bei besonders komplizierter Tektonik und sehr wechselhaften Klüftigkeitsverhältnissen meist nur ~25 m.

Zur Bemusterung gehören auch im Dachschiefer Probenahme, Probenvorbereitung, Probenuntersuchung

[4]) NE–SW streichende, stark gefaltete und geschuppte Lagerzüge, deren flache NW-Schenkel zumeist ausgedünnt und unbauwürdig oder völlig durch streichende Störungen (Schwarten) ausgewalzt sind und deren überkippte SE-Schenkel wechselnde, jedoch meist ausreichende Mächtigkeiten aufweisen.

[5]) Im Dachschieferbergbau ist folgende Wertung des Dachschieferlagers nach dem erwarteten oder beim Abbau erhaltenen sogen. Steinverhältnis (= Rohsteinanteil:Schutte) üblich:

bei Rohsteinanteil	50% und mehr	33%	17–25%	8–14%
gleich Steinverhältnis	1:1 u. besser	1:2	1:3–1:5	1:12–1:6
Wertung	sehr gut	gut	mittelmäßig	geringwertig

und Bemusterungskontrolle. Durch die Bemusterung des Rohstoffs — des Lagergesteins — muß dessen Qualität ermittelt werden. Die wesentlichsten Qualitätsparameter sind: Gesteinshärte, Klüftigkeit, Dünnspaltigkeit, Wetterbeständigkeit, Umfang und Größe von Pyriteinschlüssen, Biegefestigkeit u. a. Diese Untersuchungen setzen z. T. bestimmte Abmessungen der Probestücke voraus.

Daher können z. B. an Bohrkernen neben der visuellen Beurteilung des Gesteins im wesentlichen nur Prüfungen auf Spaltbarkeit und Härte durchgeführt werden. Selbst eine objektive Beurteilung der Klüftigkeit des Gesteins nur nach Bohrkernen ist erschwert, weil als Kern meist nur tektonisch ungestörte Partien ausgebracht werden und gewöhnlich ungeklärt bleibt, ob in den Intervallen mit Kernverlust zerklüftetes Gestein vorliegt oder unsachgemäß gebohrt wurde. Ausreichend großstückiges Material für die übrigen Untersuchungen kann nur aus bergmännischen Erkundungsauffahrungen erhalten werden.

Durch die Probenahme ist am Bemusterungspunkt das gesamte in die Berechnung eingehende Dachschieferlager zu erfassen. Die Probenuntersuchung muß sich auf die in den TGL und den allgemeinen Richtlinien festgelegten Prüfverfahren erstrecken. Für die Durchführung der Untersuchungskontrolle sind die entsprechenden Richtlinien der ZVK maßgebend. Die kontrollierten Ergebnisse sind dann eindeutig und für die Vorratsberechnung brauchbar, wenn z. B. zwischen den Untersuchungsergebnissen eines Werkes und eines Spezialinstituts keine für den Verwendungszweck wesentlichen Abweichungen auftreten.

Wenn nicht das Material aus allen Bohrungen untersucht wird, ist bei der Probenahme darauf zu achten, daß einerseits die Zahl der zu untersuchenden Proben der Ausdehnung der Lagerstätte entspricht, andererseits die Proben möglichst gleichmäßig über die Lagerstätte verteilt sind und alle Rohstoffqualitäten und Schichten erfassen, die bei einer späteren Nutzung abgebaut werden.

In den einzelnen Aufschlüssen sind Gesteine unterschiedlicher Beschaffenheit getrennt zu bemustern.

Die Aussage der visuellen Bemusterung des Lagergesteins ist beschränkt (im wesentlichen auf die Klüftigkeit) und relativ grob. Außerdem ist sie gewöhnlich mehr oder minder subjektiv und setzt große Erfahrung voraus. Als Grundlage für Vorratsberechnungen bzw. Vorratsschätzungen ist sie nur gestattet, wenn sie mit einer exakten Dokumentation der bemusterten Stellen verbunden wird und ausreichende Kontrollen und Untersuchungen über ihre Genauigkeit durch Vergleich visueller Bemusterungsergebnisse mit dem späteren Abbau der betreffenden Partien vorgelegt werden.

Der Klärung der abbautechnischen Verhältnisse kommt in den tektonisch stark beeinflußten Lagerstätten des Schiefergebirges größte Bedeutung zu. Insbesondere sind die physikalischen Eigenschaften des Rohstoffs und des Nebengesteins für den Abbau zu klären, ferner die Abbaumethode, die Abbauführung, die gebirgsmechanischen Gefahrenzonen. Die hydrogeologischen Verhältnisse (Zuflüsse von Oberflächenwässern, Kluftwässern usw.) sind in einem für die Abbauprojektierung ausreichenden Umfang zu untersuchen.

3. Die Einstufung der Vorräte in die Vorratsgruppen und -klassen

Die Bestimmungen der „Klassifikation der Lagerstättenvorräte fester mineralischer Rohstoffe" vom 31. 1. 1962 sind auf Dachschiefervorräte wie folgt anzuwenden:

Die Zuordnung der Vorräte zu den Vorratsgruppen erfolgt auf Grund bestätigter Konditionen, die alle zur Beurteilung des Rohstoffs, seiner Gewinnung und Verarbeitung erforderlichen Kennziffern enthalten müssen.

Vorräte, bei denen diese Kennziffern erfüllt sind, sind Bilanzvorräte. Vorräte, bei denen sie nicht erfüllt sind, die jedoch Objekt einer zukünftigen Nutzung sein können, sind Außerbilanzvorräte. Bei Dachschiefer sind das u. a.:

Vorräte, deren geringe Menge gegenwärtig eine wirtschaftliche Nutzung nicht zuläßt;

Vorräte in flachen NW-Faltenschenkeln, deren Mächtigkeit zu gering ist und (oder) deren Gewinnungstechnologie noch ungeklärt ist;

Vorratsblöcke auf abgeworfenen Sohlen, deren Gewinnung ökonomisch derzeit nicht vertretbar ist.

Nicht als Vorräte gelten solche Abschnitte im Dachschieferlager, die infolge tektonischer Beanspruchung so zerrüttet und geklüftet sind, daß der noch zu erwartende Rohsteinanteil des Lagers gering ist und die vorgesehene Mindestgrenze mit größter Wahrscheinlichkeit unterschreitet (z. B. in Störungszonen, in Scharnieren der Falten u. ä.).

Prognostische Vorräte an Dachschiefer können beim gegenwärtigen Stand unserer Kenntnisse über das ostthüringische Schiefergebirge in folgenden Fällen berechnet werden:

a) In Verbreitungsgebieten des Dachschieferhorizonts, die durch Kartierung mit Hilfe einzelner Ausbisse oder Kartierungsbohrungen ermittelt wurden, können Vorräte der Untergruppe Delta-2 berechnet werden, wenn das Hauptdachschieferlager mindestens an einem Punkt des Verbreitungsgebietes in einer den üblichen Konditionen entsprechenden Ausbildung festgestellt wurde.

b) Vorräte in Dachschieferlagerstätten, die durch OT-Bohrungen erkundet wurden und das Hauptdachschieferlager mindestens teilsweise in einer Ausbildung angetroffen haben, die den üblichen Konditionen entspricht, können als Vorräte der Untergruppe Delta-1 berechnet werden.

Wurde in Verbreitungsgebieten des Dachschieferhorizonts das Hauptdachschieferlager noch nicht in bilanzwürdiger Ausbildung angetroffen, ist die Berechnung prognostischer Dachschiefervorräte zu spekulativ und daher nicht möglich.

In Übereinstimmung mit der „Klassifikation der Lagerstättenvorräte fester mineralischer Rohstoffe" müssen für Dachschiefervorräte zur Einstufung in die einzelnen Klassen nachstehende Forderungen erfüllt sein (dabei wird jeweils vorausgesetzt, daß die Vorräte entsprechend § 5 der Klassifikation untersucht wurden):

Klasse A (a)

Vorräte der Klasse A können selbst bei bergmännischer Erkundung in Dachschieferlagerstätten nicht erreicht werden, weil die „Nutzkomponente" des Lagergesteins, d. h. der Rohstein- bzw. Dachschieferanteil, nicht exakt bestimmt werden kann. Solche Angaben stützen sich weitgehend auf Erfahrungswerte beim Abbau analoger Lagerstätten und deren Übertragung auf die beurteilten Lagerstättenabschnitte.

Klasse B (b)

Für Vorratsblöcke dieser Klasse müssen die Lagerungsverhältnisse, die Tektonik, die Verbreitungsgebiete geringer Klüftigkeit und die Hauptparameter für Qualität ermittelt worden sein. Die Schätzung des Rohsteinanteils muß in ihrer Aussagesicherheit kontrolliert und ausreichend belegt sein.

Die bergtechnischen Faktoren müssen in einem für die Vorrichtungsarbeiten ausreichenden Maße geklärt sein, so daß unvorhergesehene Komplikationen ausgeschlossen sind. Taube (infolge intensiver Klüftung sog. „schnittige") Bereiche müssen sich mit der dafür erforderlichen Genauigkeit umgrenzen lassen.

Als B-Vorräte können nur durch Erkundungsarbeiten in ihren Grenzen hinreichend genau umgrenzte Abschnitte der Dachschieferlager ausgewiesen werden.

Klasse C_1 (c_1)

Bei Vorräten dieser Klasse müssen die Grundzüge der Lagerungsverhältnisse, der Tektonik und die wesentlichsten bergtechnischen Faktoren geklärt sein, insbesondere müssen die Hauptstörungen in ihrem Verlauf und Ausmaß bekannt sein.

Das Steinverhältnis muß eingeschätzt werden können. Taube Bereiche von einer halben Abbaubreite und darüber müssen in ihrer söhligen Erstreckung mit Sicherheit abgegrenzt werden können. Die Hauptparameter der Rohstoffqualität müssen untersucht worden sein. Seigere Extrapolation ist bei entsprechenden Voraussetzungen zulässig, im Streichen der Lager ist sie nicht gestattet, weil dies in der Regel die Richtung der größten Veränderlichkeit der Klüftigkeit ist.

Im Anschluß an Vorräte der Klasse B können bei entsprechenden geologischen Voraussetzungen Vorräte der Klasse C_1 bis zum halben seigeren Erkundungsabstand extrapoliert werden. Fehlende Extrapolation ist zu begründen.

Bei nichtextrapolierten Vorratsblöcken der Klasse C_1 kann ein extrapolierter Grenzstreifen bis zum halben seigeren Erkundungsabstand in den Berechnungsblock einbezogen werden, wenn das die festgestellten geologischen Verhältnisse zulassen.

Klasse C_2 (c_2)

Die Lagerungsverhältnisse, die Tektonik und die bergtechnischen Faktoren können nach den Erkundungsergebnissen einzelner Strecken, Tagebauaufschlüsse, Ausbisse und Bohrungen nur in den wesentlichsten Grundzügen eingeschätzt werden. Die Hauptstörungen wurden lediglich in einzelnen Punkten fixiert, ihr Verlauf ist nur ungefähr bekannt.

Die Hauptparameter der Rohstoffqualität wurden nur in vereinzelten Punkten (z. B. in einzelnen Strecken) bestimmt. Das Steinverhältnis stützt sich lediglich auf Analogieschlüsse, wobei sich die Zulässigkeit der Analogie auf die in begrenztem Umfang vorliegenden Erkundungsdaten stützt.

Taube (schnittige) Bereiche können nur orientierungsmäßig umgrenzt werden.

Vorräte der Klasse C_2 können an Vorräte höherer Klassen bei günstigen geologischen Verhältnissen bis zum halben seigeren Erkundungsabstand extrapoliert werden. Extrapolationen im Streichen der Lager sind nicht zulässig.

Bei nichtextrapolierten Vorratsblöcken der Klasse C_2 kann ein extrapolierter Grenzstreifen bis zum halben seigeren Erkundungsabstand in den Berechnungsblock einbezogen werden, wenn das die geologischen Verhältnisse zulassen. Fehlende seigere Extrapolation ist zu begründen.

4. Allgemeine Festlegungen für die Berechnung und Bilanzierung der Vorräte

Blauer und dunkler Lagerstein werden gemeinsam berechnet. Vorräte anderer Dachschieferlager werden gesondert berechnet und ausgewiesen.

Vorräte in „ewigen" Sicherheitspfeilern werden gesondert berechnet, von der ZVK jedoch nicht bilanziert. Vorräte in befristeten Sicherheitspfeilern sind ebenfalls gesondert zu berechnen. Sie werden in der Vorratsberechnung in ihren Klassen getrennt geführt. Vorräte in abseits gelegenen Restpfeilern oder -feldern, deren Abbau z. Z. ökonomisch nicht vertretbaren Aufwand erfordert, werden trotz bilanzwürdiger Ausbildung als Außerbilanzvorräte berechnet, wenn sie noch als Objekte einer zukünftigen industriellen Nutzung betrachtet werden können. Ist dies nicht der Fall, werden sie als Vorratsverluste nach den gültigen Vorschriften abgeschrieben. Verluste werden gemäß § 6.2. der Klassifikation bei der Berechnung nicht berücksichtigt; sie sind jedoch für die Nutzungsperspektive der Lagerstätte einzuschätzen und anzugeben.

Berechnungs- und Bilanzierungsmaßeinheit für Dachschiefervorräte ist die kt Lagergestein.

Für die Untergruppe Delta-1 wird der Lagergesteinsvorrat statistisch durch Berücksichtigung der linearen Produktivitätskoeffizienten $K_p = \frac{l}{L}$ ermittelt. (Hierbei sind l = Bohrstrecken im brauchbaren kompakten kiesigen + blauen + dunklen Horizont und L = Bohrstrecken im gesamten kiesigen + blauen + dunklen Horizont.)

Die Delta-1-Lagergesteinsvorräte nimmt die ZVK nur zur Kenntnis. Bei Vorräten der Klassen $B - C_2$ wird nur der Lagergesteinsvorrat bestätigt, nicht aber der $\pm$ genau geschätzte, für die betriebliche Planung wichtige Rohsteinvorrat.

Als Unterlagen sind der Berechnung beizugeben:

Ausblockungsgrundrisse und geologische Grundrisse mit der Darstellung der Klüftigkeitsverhältnisse im Maßstab nicht kleiner als 1:1000 für Vorräte der Klasse $B - C_2$ und Delta-1-Vorräte;

Querschnitte und Seigerrisse im gleichen Maßstab;

Schichtenverzeichnisse der Bohrungen und geophysikalische Meßergebnisse;

Übersichtskarten;

Berechnungstabellen;

Analysenberichte, Prüfzeugnisse und Abschrift der bestätigten Konditionen.

Nach den Richtlinien der ZVK über Form und Inhalt von Vorratsberechnungen ist den Vorratsberechnungen eine industrielle Einschätzung der erkundeten Vorräte beizugeben.

Bei neuerkundeten Lagerstätten gehören dazu vor allem folgende Angaben: vorgesehene oder optimale Jahresförderung und Lebensdauer des Werkes, orientierungsmäßiger Umfang der vorgesehenen Direkt- und Nachfolgeinvestitionen, erwartete Amortisationszeit, zu erwartende Selbstkosten je Förder- oder Produktionseinheit, ihr Vergleich mit analogen Betrieben oder dem Durchschnitt des Industriezweigs, geschätzte Abbauverluste, erschwerende (die Produktion verteuernde) Umstände.

Bei bereits in Abbau stehenden Lagerstätten sind vor allem anzugeben: Jahresförderung, Abbauverluste, Lebensdauer bei Beachtung der Perspektivpläne, Selbstkosten, Vergleich mit analogen Betrieben und dem Durchschnitt des Industriezweigs.

Diese Kennziffern sind nötigenfalls beim Produktionsbetrieb, einem Projektierungsbüro oder bei der VVB einzuholen.

5. Richtwerte für die Erkundung von Dachschieferlagerstätten

Die nachstehend gegebenen Richtwerte dienen lediglich zur Orientierung des Erkundungsgeologen. Sie müssen einerseits in jedem konkreten Falle auf die vorliegenden geologischen Verhältnisse abgestimmt werden (z. B. Erkundungsabstände) und andererseits in den vorzugebenden Konditionen präzisiert werden.

Tabelle: Richtwerte für die bergmännischen Erkundungsabstände

Klasse	Seigere Abstände	Querschlagsabstände
B	40 – 50 m	60 m
C_1	80 – 100 m	60 m
C_2	150 – 200 m	120 m

Anforderungen an die Lagerstätte

Tagebau:
Verhältnis Abraum:Lagergestein < 0,6 – 0,8:1 (m^3:t)
Verhältnis Rohstein:Schutte > 1:12

Tiefbau:
Lagermächtigkeit (söhlig) > 8 m
Verhältnis Rohstein:Schutte > 1:5 – 1:6

bei Neuanlage eines Betriebes

Mindestvorratsmenge	250 – 375 kt Rohstein
Jahreskapazität	4000 – 6000 t Fertigware = 10000 – 15000 t Rohstein
Lebensdauer	25 Jahre

Qualitätsanforderungen an den Rohstoff

Dünnspaltigkeit: max. Plattendicke 0,4 – 1,2 cm (je nach Größe d. Rohschieferplatte u. Sorte)
Pyriteinschlüsse: max. 0,2 – 0,3 cm über Spaltfläche ragend
Bordenstreifen: wenig auftragend (max. 0,2 – 0,3 cm)
Wasseraufnahme (normaler Luftdruck): max. 0,6% (TGL)
Säurebeständigkeit: max. 0,6% Gewichtsveränderung (TGL)
Frost- und Hitzebeständigkeit: Es dürfen keine äußerlich wahrnehmbaren Zerstörungserscheinungen auftreten. (TGL)

Biegefestigkeit: (TGL)

a) lufttrockener Zustand	mindestens	500 kp/cm^2
b) wassergesättigter Zustand	„	400 „
c) wassergesättigt, nach 25mal. Gefrieren und Auftauen	„	350 „
d) lufttrocken, nach 24mal. Erhitzen und Abschrecken	„	250 „

wahre Porosität: max. 3% (TGL)

Gefüge: feinschiefrig-gleitflächig, langflasrig, feinklastisch-kristallin;
Serizit, Muskovit, Chlorit: fein verteilt u. verfilzt;
Kalzit: wenig;
Pyrit: fehlt oder wenig

Bestehende TGL für Dach- und Wandschiefer

TGL 10 175 Bl. 1: Dach- und Wandschiefer, Prüfung verbindl. ab 1. 2. 62 lt. AO 140, Gbl. III/61, S. 320

TGL 10 175 Bl. 2: Dach- und Wandschiefer, gesteinskundl. Untersuchung. Verbindl. ab 1. 5. 62 lt. AO 154, Gbl. III/61, S. 392

TGL ... 42: Dach- und Wandschiefer, Gütebedingungen. Verbindl. ab 20. 10. 59 lt. Verfügungen u. Mitteilungen des Min. f. Bauwesen 9/59

Das Pleistozän im Deckgebirge des Tagebaues Berzdorf, Stratigraphie und Bedeutung für den Abbau[1]

FRIEDHELM PRÄGER, Dresden

Der Tagebau Berzdorf, am Rande des Neißetales, wenige Kilometer südlich von Görlitz gelegen, ist, abgesehen von dem sehr kleinen Tagebau Olbersdorf bei Zittau, der am weitesten südlich gelegene unserer Republik. Er bildet die Rohstoffbasis für das Kraftwerk „Völkerfreundschaft“ in Hagenwerder. Der Tagebau erschließt den westlichen Teil des Braunkohlenbeckens von Berzdorf, das sich auch noch auf das Gebiet der VR Polen erstreckt.

Die geringste Höhe der Geländeoberfläche des Beckens liegt in der Neißeaue bei +190 m über NN. Nach Westen zu steigt sie auf ca. 220 m an. Die Beckennatur wird schon morphologisch durch die Umrahmung mit Basalt- und Granodioritbergen betont. Im Westen sind es der Kleine und Große Hutberg (309 m), im Norden der Schwarze und der Jauernicker Berg (393 m), im Süden der Hofe-Berg u. a. bei Leuba (265 m über NN). Die Oberflächenentwässerung erfolgt durch die Pließnitz, die jetzt nach ihrer Umleitung im alten und vertieften Bachbett des Jauerbaches fließt.

Aus zwei Blickrichtungen ist das Quartär des Tagebaus Berzdorf bedeutungsvoll: Einmal gewährt es die besten Aufschlüsse der südlichen Lausitz zwischen Neiße und Elbe, in denen die gesamte Schichtenfolge in schöner Einheit und interessanter Lagerung aufgeschlossen ist. Zum anderen steht der Bergbau vor allem wegen dieser Lagerungsverhältnisse vor großen Problemen, die besonders die Standfestigkeit der Tagebauböschungen betreffen. Rutschungen im Süden und Westen des Tagebaus und die notwendige Verlegung der Pließnitz in großem Bogen um den Tagebau herum seien als Beispiele genannt.

Diese Fragen verallgemeinernd forderte KALÄHNE (1964) eine eingehende Bearbeitung des Quartärs im

[1] Eingang des Manuskripts in der Redaktion: 20. 6. 1964

Deckgebirge der Braunkohle, um Abraumbewegung, Kippenführung, Ausbildung der Böschungssysteme, Rekultivierung und die wasserwirtschaftlichen Probleme voll übersehen zu können. Nachstehende Darlegungen sollen ein kleiner Beitrag dazu sein.

Das Liegende der nach KRUTZSCH (PIETZSCH 1962, S. 483) untermiozänen Braunkohlenflöze wird von Seidenberger Granodiorit und Basalt mit Tufflagen gebildet. Diese Gesteine sind sämtlich tiefgründig tonig verwittert. Vergleicht man ihre Oberfläche im Tagebau und in seiner Umrandung, so erhält man auf kürzeste Entfernung eine Höhendifferenz von mehr als 300 m. Schon nach GRAHMANN (zit. bei GROBA 1953, S. 359) ist diese Einsenkung tektonisch bedingt. Auf Grund dieser Bodensenkungen im Anschluß an den tertiären Basaltvulkanismus entstanden die bis 150 m mächtigen tertiären sedimentären Ablagerungen. In sie ist das bis zu 100 m mächtige Braunkohlenhauptflöz eingelagert. Sandige, vor allem aber tonige Mittel und Bänder gliedern dieses auf und begünstigen Rutschungen aller Ausmaße. Darüber liegen Tone und Schluffe, die aber auf Grund von Lagerungsstörungen lokal fehlen können.

Tabelle 1.

Mächtigkeit in m	Schichtenfolge
6,00	Grobsand, grau, feinkiesig, nach oben feiner werdend, regelmäßig geschichtet, ruhige bogenförmige Schrägschichtung, gelegentlich synchrone Eiskeile
0,40	Feinsand, grau, stark schluffig, schwach mittel- bis grobsandig, vereinzelt fein- bis mittelkiesig, mehr oder weniger intensiv verbrodelt
1,20	Grobsand, grau, feinkiesig, mittelsandig, schwach mittelkiesig, deutliche kräftige bogige Schrägschichtung
0,70	Grobkies, grau, bis 70 mm ⌀, grobsandig, fein- bis mittelkiesig

Über der tertiären Abfolge liegt eine bis 10 m mächtige feuersteinfreie Neißeterrasse. 1961 war an der westlichen Abbaufront im 2. Tiefschnitt das vollständigste Profil aufgeschlossen, wobei die ungestörte Oberfläche bei ca. 175 m über NN lag (Tab. 1).

In der Tagebauausfahrt war lokal ein eindeutiger Übergang von den Neißeschottern zu einem bis 0,80 m mächtigen Bänderton aufgeschlossen.

Morphometrische Messungen an Proben aus den unteren Teilen der Terrasse konnten die kaltzeitliche Entstehung bestätigen. Im unteren Teil ist die Form der Gerölle überwiegend flach, wobei in geringer Zahl auch stenglige bis kuglige Formen auftreten. In den oberen Teilen zeigt die Form der Gerölle eine gewisse Verschiebung zum flachstengligen Bereich. Die Zurundung ist schlechter, auch zerbrochene Gerölle sind häufiger.

Die Kiese der Terrasse bestehen ausschließlich aus südlichem Material. Basalt tritt vor allem in größeren Blöcken auf (Tab. 2).

Eine Zweiteilung dieser Terrasse (durch den kryoturbaten Schluff- und Feinsandhorizont) ist also auch aus der Zusammensetzung zu erkennen. In der feineren Fraktion ist die Streuung größer. Nur eine Probe sei hier angeführt (Tab. 3).

Der Kristallinanteil setzt sich vorwiegend aus Quarz-Feldspat-Aggregaten in der feineren und aus einheimischen Graniten und Isergebirgsmaterial in der gröberen Fraktion zusammen. Typisch sind zahlreiche kleine Feldspattäfelchen als Leitgerölle der Neiße. Die Kiese sind demnach Ablagerungen eines alten Neißelaufes.

Tabelle 2. Kornfraktion von 20—50 mm ⌀ in %

Quarz	Einheimische Granite und kristalline Schiefer	Grauwacke und Schiefer	Sandstein und Quarzit	Basalt	Lydit
1. 80,7	1,7	5,0	8,4	–	4,2
2. 72,3	6,0	9,8	9,0	1,5	1,5

1. unterer Teil der Schotter, 2. Kies über dem Brodelhorizont

Die Korngrößen nehmen nach oben zu ab. Die Terrasse geht in einen Bänderton über. Ihr oberer Teil hat also frühelsterglaziales Alter. Schon am Rande des Tagebaus liegen die gleichen Schotter wesentlich höher (genaue Werte kann man wegen der glazigenen Stauchungen gerade in diesem Teil des Tagebaus nicht angeben). Zirka 200 m südlich des Tagebaus befindet sich die Neißeterrasse schon 35 m höher.

Gleichartige Terrassenschotter sind weiter südlich am Hutberg bei Ostritz, bei Radgendorf und Turow (VR Polen), allerdings in größerer Höhenlage (270 m), aufgeschlossen. Im Norden stellten STEDING & SCHUBERT (1964) die Kiese von Zarki (212 m) und Gozdnica (175 m) zu diesem Neißelauf und lassen ihn auch im Sinne von GENIESER & MIELECKE (1957) in den Bautzener Elbelauf (Wespenberg bei Niesky 185 m, Rietschen 180 m) einmünden. GENIESER parallelisiert nun seinen Bautzener Elbelauf mit der E-Terrasse der Elbe und stellt ihn in die frühe Elstereiszeit. Bisher gab es auch keinen Grund, das anzuzweifeln.

Zwischen der Ablagerung des Bautzener Elbelaufes und der Ablagerung der Moräne des 1. Elstervorstoßes liegt aber im Gesamtgebiet zwischen Neiße und Elbe und auch im Norden eine Erosionsperiode, in der Einschneidungen der Flüsse von 60—90 m stattfanden. Diese wird nach SCHUBERT (1963) und PRÄGER (1964) wahrscheinlich ins Cromerinterglazial gestellt werden können. Demnach ist auch der Bautzener Elbelauf günzglazial oder älter. Im Elbegebiet sind die gleichen Erosionsbeträge wie in der Lausitz nach Ablagerung der E-Terrasse nachzuweisen. Die 1. Elstermoräne liegt hier ebenso unten in diesen alten Talrinnen. Die I-Terrasse GRAHMANNS, die er in die frühe Elstereiszeit stellte, liegt ca. 30—40 m höher. Die von ihm beschriebenen Schmelzwasserschotter über der I-Terrasse gehören dem 2. Elstervorstoß an. (Die Ergebnisse dieser noch laufenden Untersuchungen werden ausführlich an anderer Stelle beschrieben.)

Auch in der Lausitz fanden STEDING & SCHUBERT Neißeschotter zwischen den beiden Elstervorstößen, keine aber (außer denen des Bautzener Elbelaufs) vor dem 1. Vorstoß.

Somit ergibt sich sowohl nach der Höhenlage als auch nach ihrer Altersstellung eine Differenz zwischen den altpleistozänen Terrassenresten im Tagebau Berzdorf und im übrigen Teil der Oberlausitz. Das kann nur tektonische Ursachen haben. Diese Bewegungen müssen,

Tabelle 3. Kornfraktion von 4—40 mm ⌀ in %

Quarz	Kristallin	Sediment	Lydit	Basalt
60,0	30,2	8,3	1,4	0.1

da sie die Terrasse betroffen haben, vor und während der Elstereiszeit stattgefunden haben. Der Gesamtbetrag beläuft sich auf ca. 100 m. Besonders starke Einsenkungen fanden in den inneren Teilen des Beckens statt. Die Ränder fallen steil ab. Inwieweit es sich um Flexuren oder Brüche handelt, kann nur am festen Untergrund ermittelt werden. Dort, wo das Liegende der Kohle am tiefsten abgesenkt ist, sind auch die größten Deckgebirgsmächtigkeiten zu erkennen. Die Sedimentation der Schotter ging vom Günzglazial (Bautzener Elbelauf) bis zum frühen Elsterglazial (oberer Teil der Terrasse) weiter.

Über der feuersteinfreien Neißeterrasse bzw. über dem Bänderton liegt ohne Hiatus eine dunkelgraue bis bräunlichgraue, sehr feste, mit zahlreichen Sand- und Kalklinsen durchsetzte Grundmoräne von 5—20 m Mächtigkeit. Örtlich ist sie erodiert. Sodann liegt an der Basis der überlagernden jüngeren Sedimente eine Steinsohle mit Blöcken bis 1 m ⌀. Nordische Geschiebe überwiegen. Über dieser Moräne liegen ohne oder mit nur schwachem Hiatus fein- bis mittelkiesige Schmelzwasserschotter von etwa 3—20 m Mächtigkeit. Die Schmelzwassersande lassen sich mit Hilfe der Geröll- bzw. Geschiebeführung gut mit der liegenden Moräne parallelisieren. Die Zusammensetzung ist durchschnittlich wie in Tab. 4 angegeben.

Flußschotter—Bänderton—Grundmoräne—Schmelzwassersande bilden eine fast vollständige Serie und gehören zum 1. Vorstoß der Elstervereisung (PRÄGER 1962a).

Über dieser Folge war besonders im Westteil des Tagebaus die etwa 2—3 m mächtige Moränenbank des 2. Elstervorstoßes aufgeschlossen. Sie hat im wesentlichen den gleichen Habitus wie die genannte. Nur der Schluff- und Tongehalt sind höher. Zum Teil ist die Moräne wie die des 1. Vorstoßes aufgearbeitet. Ein gut verfolgbarer Geröllhorizont liegt über den meist gestauchten, also schräggestellten Schmelzwasserschottern desselben. Die Erosion nach Ablagerung der Moräne griff örtlich rinnenförmig bis zu 20 m in die Tiefe. Die maximale Mächtigkeit der Schmelzwassersande des 2. Elstervorstoßes beträgt ca. 50 m. Schmelzwasserbildungen und Moräne lassen sich auch sedimentpetrographisch gut vom ersten Zyklus trennen. Besonders der Kristallinanteil ist geringer (Tab. 5).

Die Schmelzwasserablagerungen werden nach oben deutlich feinkörniger und gehen unter Einschaltung von Feinsand- und Schlufflagen in einen Bänderton über. Er liegt in einer ca. 200 m breiten Rinne, die über die Pließnitztrasse hinweg durch Bohrungen und Gräben über ca. 5 km weit zu verfolgen war. Sie wird im Südfeld II bzw. der Ausweitung zum Bandbetrieb weiter nach NE verlaufen. Verstellungen in der Höhenlage des Bändertons waren nicht mehr zu erkennen, weshalb angenommen werden muß, daß die beschriebenen tektonischen Senkungen am Ende der Elstervereisung aufgehört hatten. Der Bänderton ist zweigeteilt. Der untere Teil ist sandig, führt kleine Steine und macht überhaupt

Tabelle 4. Zusammensetzung der Kornfraktion von 4—40 mm ⌀ in %

Quarz	Kristallin	Sediment	Kalk	Flint	Lydit
55	33	9	0,5	0,7	0,6

Tabelle 5. Zusammensetzung der Kornfraktion von 4—40 mm ⌀ in %

Quarz	Kristallin	Sediment	Kalk	Flint	Lydit
61,0	21,0	15,5	–	0,9	1,6

den Eindruck einer verschwemmten Moräne. Er ist außerdem schwach gestaucht. Darüber liegt ein lehmiger Sand. Der obere Teil des Bändertons zeigt eine regelmäßige Warvenschichtung. Die Gesamtmächtigkeit beträgt etwa 5—6 m. Nach den Rändern der o. a. Rinne nimmt die Mächtigkeit rasch ab, die Warven keilen teilweise aus. Im Bänderton ist durch die Stauchungen des unteren Teils und den verschwemmten Geschiebelehm ein lokaler 3. Vorstoß der Elstervereisung angedeutet, der aber weit hinter den beiden ersten zurücksteht. Örtlich war über dem Bänderton eine undeutliche Verwitterungszone zu erkennen.

Eine bis 3 m mächtige, braune, lehmige Grundmoräne mit nur wenigen Geschieben ist noch an einzelnen Stellen zu finden. Sie hat einen von den beiden Moränen der Elstereiszeit völlig verschiedenen Habitus. Sie wird auch nach anderen Untersuchungen mit der sogen. Löbauer Moräne parallelisiert und mit großer Wahrscheinlichkeit zur Saalevereisung gestellt (PRÄGER 1962a und b, HOHL & PRÄGER 1964). Für den Tagebaubetrieb hat sie keine Bedeutung.

Alle diese Sedimente werden von bis 4 m mächtigem Lößlehm überlagert, dem lokal im unteren Teil noch eine Bodenbildung mit Wurzelhorizont eingeschaltet ist. Der Lößlehm ist besonders für die Rekultivierung wichtig.

Das genaue Alter der beiden jüngeren, wahrscheinlich weichselglazialen und holozänen Pließnitzterrassen, die besonders in der Tagebauausfahrt aufgeschlossen sind, wird dort, wo eine Verknüpfung des Lößes mit den Terrassen auftritt, sicher beim weiteren Aufschluß des Südfeldes II zu klären sein.

Wir sahen, daß ein Teil der Unregelmäßigkeiten in der Lagerung der quartären Sedimente tektonischen Ursprungs ist. Diese Senkungen hatten natürlich auch auf die Mächtigkeit der quartären Ablagerungen größeren Einfluß — vielleicht auch auf das ungestörte Vordringen des 1. Gletschers, der ja ständig die Südflanke der Festgesteine belebt fand. Deshalb liegen die Hindernisstauchungen vor allem im Süden des Tagebaus. Hier sind große Falten beobachtet worden. Eine Beschreibung aller Störungsformen gibt VIETE (1964). Nach Geschiebeeinrelungsmessungen drang der 1. Gletscher von N bis NNE ins Berzdorfer Becken vor. Faltungen der Sedimente liegen fast genau senkrecht zur Vorstoßrichtung des Eises; im Gegensatz zur Richtung der statischen Aufpressungen im Sinne von WAGENBRETH (1955). Diese liegen etwa in der Vorstoßrichtung des 2. Gletschers (NNW bis NE). Die Aufpressungen erreichen eine Höhe von 20—40 m. Die Braunkohle und vor allem die hangenden tertiären Tone und Schluffe sind einbezogen. Sie sind meist gut symmetrisch gebaut. Diese Strukturen bilden das vorherrschende Element der Lagerungsstörungen. Da auch Sedimente des 2. Vorstoßes mit gestört und randlich aufgeschleppt sind, setzen sie das Vorhandensein eines mächtigen Toteiskörpers des 2. Elstervorstoßes voraus. Auch ihre Richtung spricht für Störungen unter den Radialspalten dieses Gletschers. Die tiefen, mit Schmelzwassersanden des 2. Vorstoßes gefüllten rinnenartigen Auswaschungen sind wahrscheinlich auch in dieser Toteisphase entstanden.

Im Tagebau Berzdorf gibt es also Hindernisstauchungen des 1. Vorstoßes vor allem im Süden, Faltungen der Sedimente des 1. Zyklus' durch den 2. Gletscher aus dem gleichen Grunde und statische Aufpressungen unter seinem mächtigen Toteis. Die Stauchungen sind ein weiterer Beweis für die große Mächtigkeit des Inlandeises auch des 2. Elstervorstoßes.

Schlußfolgerungen für den Bergbau

1. Abbaubedingungen

Aus dem allgemeinen Aufbau der Schichtenfolge bzw. den quartären tektonischen und glazigenen Lagerungsstörungen ergeben sich abbautechnische Probleme. Das gesamte Abbaugebiet ist durch laufende Rutschungen hochgradig gefährdet. Dabei darf nicht nur die Liegendfläche Beachtung finden, die natürlich wegen der großen Neigungen und der tonigen Verwitterungsprodukte besonders wichtig ist, sondern auch die Aufpressungen. Größere Schubstauchungen sind nur im Bereich der Beckenränder zu erwarten, die statischen Aufpressungen dagegen überall. Die laufende Erkundung muß das generelle Streichen der Kohlesättel im Vorfeld ermitteln, um die Lage und Richtung der Abbauschnitte richtig festlegen zu können. Viele Rutschungen könnten so verhindert werden. Lokale Ton- und Schluff-, insbesondere Bändertoneinlagerungen in den Sedimenten sind natürlich ebenfalls besonders zu erkunden. Mit Hindernisstauchungen ist z. B. im Südfeld II in der Gegend von Neuberzdorf und im Nordfeld I südöstlich von Jauernick—Buschbach zu rechnen. Nur durch Anwendung aller stratigraphischen Hilfsmittel kann man einigermaßen richtige Schnitte durch die Lagerstätte in diesem Raum führen. Diese Tatsachen sind für die exakte Festlegung der Bauwürdigkeitsgrenzen und für die Abbauplanung außerordentlich wichtig. Besonders im Nordfeld I und II muß man damit rechnen, daß nicht alle Wellungen der Flözoberfläche (GROBA 1953) Aufstauchungen sind. Vielmehr sind gerade hier wegen der glaziären Verhältnisse gegen Ende des 2. Elstervorstoßes (Toteisphase) größere Auswaschungsrinnen anzunehmen. Gleichfalls für die Abbauplanung werden Verbreitungskarten der verschiedenen Lockergesteine angefertigt. Solange nur Bohrmeisterangaben bzw. nicht vollständig ausgewertete Bohrungen zugrunde gelegt werden, sind diese Arbeiten wenig wertvoll. Die einzelnen stratigraphisch zusammenhängenden Horizonte müßten verfolgt werden. Im Tagebau Berzdorf ist das durch Beachtung der glaziären Serien in Verbindung mit einfacher Geröll- bzw. Geschiebezählung relativ leicht durchführbar. Gerade in Berzdorf sollte diese Seite der angewandten geologischen Arbeit mehr Beachtung finden; denn die Abbauerfahrungen der Vergangenheit geben zu denken.

2. Hydrogeologie

Die vorstehenden allgemeinen Bemerkungen gelten ebenso für hydrogeologische Untersuchungen und Arbeiten. Die hydrogeologischen Bedingungen sind z. Z. für den Bergbau sehr günstig, da durch den Basaltriegel des Großen und Kleinen Hutberges und die zusammenhängenden Grundgebirgsaufragungen im neuen Pließnitzbett und im Gaulebach eine wirkungsvolle Abdichtung im Westen und Süden des Tagebaus gewährleistet ist. Anders kann es beim Aufschluß des Südfeldes II und vor allem des Nordfeldes werden. Hier ist mit Auswaschungsrinnen zu rechnen, die z. T. mit Moräne, aber auch mit gut durchlässigen Schmelzwassersanden gefüllt sind. Sie leiten Grundwasser aus dem Einzugsgebiet der Pließnitz ab. Meist sind sie jedoch, wie im jetzigen Aufschluß, nicht breit.

Es ist aber nicht richtig, anzunehmen, daß die jetzt geförderten 10—13 m^3/min schon die gesamte Grundwassermenge darstellen, die im Einzugsgebiet gebildet wird. Betrachten wir die hydrogeologischen Bedingungen im Einzugsgebiet, erhalten wir die in Tab. 6 angegebenen Werte.

Tabelle 6

Größe des Einzugsgebiets	156 km^2
mittlere jährliche Niederschlagsmenge	633 mm
Versickerungsanteil	ca. 15% = 95 mm
unterirdische Abflußspende	3 l/s/km^2

Daraus errechnet sich für das gesamte Einzugsgebiet eine unterirdische Abflußspende von 468 l/s oder 28 m^3/min. An der Oberfläche ist im Einzugsgebiet der Pließnitz Lößlehm am weitesten verbreitet. Dann folgen der Reihe nach Sande und Kiese, Geschiebelehm und Festgesteine. Ein Teil der Niederschläge wird also oberflächig abfließen. Der Versickerungsanteil ist mit 15% auch nach anderen Erfahrungen nicht zu hoch angenommen, da die mittlere Abflußspende der Pließnitz eher noch niedriger ist, als sie nach diesen Verhältnissen sein müßte. Von den 468 l/s tritt ein nicht abzuschätzender Teil in die Vorfluter ein, da über weite Strecken Schichten, die das Grundwasser gut weiterleiten, fehlen. Den glaziären Bildungsbedingungen im Bereich des Tagebaus Berzdorf nach können weiterstreckte zusammenhängende sand- und kieserfüllte Strukturen vorhanden sein. Der Wasseranfall im Tagebau kann deshalb bei Neuaufschluß sprunghaft ansteigen. Es ist also äußerst wichtig, die Strukturen im Deckgebirge der Kohle genau zu erkunden. Dabei sollte nicht nur die Zahl der Pegelbohrungen erhöht werden. Pumpversuche an Versuchsbrunnen müssen weitere Aufschlüsse über die Wasserführung geben. Im Nordfeld besteht ein Zusammenhang mit den Neißeterrassen und dem mächtigen sandig-kiesig ausgebildeten Pleistozän am Nordrand der Kohlegrenze. In diesem Zusammenhang wird dann der Einfluß des Absenkungstrichters des Tagebaus auf das Wasserwerk der Stadt Görlitz bzw. auf den Grundwasseranteil im Fassungsgelände Weinhübel endgültig zu berechnen sein.

3. Lagerstätten der Steine und Erden

Wie die bisherigen Ausführungen zeigen, ist der Anteil an Kiessanden im Abraum des Tagebaus Berzdorf hoch. In den Kreisen Görlitz und Zittau ist aber der Bedarf an Betonkies und -sanden nicht gedeckt. Die Kiese im Abraum sollen jedoch ausschließlich für den Eigenbedarf des Tagebaus als Bettungskies verwendet werden. Besonders beim Aufschluß der übrigen Felder bzw. bei deren Erkundung müßte durch entsprechende Probenahme usw. für eine exakte Vorratsberechnung eine einwandfreie Einschätzung der Kies- und Sandvorräte im Abraum der Kohle gegeben werden. Auch

Zeitschrift für angewandte Geologie, Bd. 10 (1964) Heft 11

sollte man die Tone auf ihre Eignung als keramischen Rohstoff bzw. als Rohstoff zur Aluminiumherstellung prüfen.

4. Rekultivierung

Aus der Zusammensetzung und dem Aufbau der Abraummassen ergeben sich spezielle Forderungen für die Gewinnung von rekultivierfähigem Material. Sandiges Material überwiegt. Die Kohlesättel kann man nicht immer aushalten. Trotzdem kann gerade in Berzdorf diese negative Auswirkung gering gehalten werden, da gut rekultivierbares Material, insbesondere Löß- und Geschiebelehm, weit verbreitet ist.

Zusammenfassung

Nach einer Erläuterung der Stratigraphie und Lagerung des Abraums der Kohle des Tagebaus Berzdorf wird auf die Bedeutung ihrer Erkundung für den Abbau eingegangen.

Резюме

Изложив стратиграфию и условия залегания вскрышной породы угля карьера Берцфорд, автор останавливается на значении их изучения для разработки.

Summary

The stratigraphic geology and bedding of the overburden in Berzdorf opencast mine as well as the importance of its exploration to mining are discussed.

Literatur

GENIESER, K., & W. MIELECKE: Die Elbekiese auf der Teltowhochfläche südlich von Berlin. – Ber. geol. Ges. DDR, II, 4, S. 242–263, Berlin 1957.

GROBA, E.: Das Braunkohlenvorkommen von Berzdorf a. d. Eigen. – Bergbautechnik, **3**, 7, 8, Berlin 1953.

GRUNERT, S.: Wissenschaftliche Untersuchung über den Wasserhaushalt im Einzugsgebiet des Tagebaues Berzdorf. – WWT, **11**, Berlin 1961.

HOHL, R., & F. PRÄGER: Zur Kenntnis des Pleistozäns im mittleren Oberlausitzer Bergland. – N. Jb. Geol. Paläont. Mh., 1964, 3, S. 131–149, Stuttgart 1964.

KALÄHNE, H.: Die Beeinflussung des Bergbaus durch das Quartär in der Lausitz. – Vortrag 4. Treffen Sektion Quartärgeologie in Görlitz, April 1964.

OEHME, W.-D.: Zur Wiedernutzbarmachung der durch das Braunkohlenwerk Berzdorf in Anspruch genommenen Bodenflächen. – Vortrag 4. Treffen Sektion Quartärgeologie in Görlitz, April 1964.

PIETZSCH, K.: Geologie von Sachsen. – VEB Deutsch. Verl. Wiss., Berlin 1962.

PRÄGER, F.: Zur Kenntnis des Pleistozäns in der östlichen Lausitz. – Abh. Ber. Naturkundemus. Görlitz, **37**, 2, Leipzig 1962.

– Beiträge zur Kenntnis des Altpleistozäns in der Oberlausitz. – Unveröff. Diss., Univ. Halle 1962.

– Beiträge zur Kenntnis pleistozäner Tektonik in der Oberlausitz. – Jb. Mus. Geol. Min., Dresden 1964 (in Druck).

SCHUBERT, G.: Zur Altersfrage des Bautzener Elbelaufes. – Geologie, **12**, H. 7, S. 858–859, Berlin 1963.

STEDING, D., & G. SCHUBERT: Exkursionsführer zum 4. Treffen der Sektion Quartärgeologie in Görlitz, Berlin 1964.

VIETE, G.: Glazigene Dynamik und Geopraxis in der Umgebung von Görlitz. A. Braunkohlen-Tagebau Berzdorf a. d. Eigen. – Exkursionsführer zum 4. Treffen der Sektion Quartärgeologie in Görlitz, Berlin 1964.

– Die Lagerungsverhältnisse des Tertiärs und Quartärs im Berzdorfer Becken und ihre Bedeutung für den Braunkohlenbergbau. – Vortrag 4. Treffen Sektion Quartärgeologie in Görlitz, April 1964.

WAGENBRETH, O.: Quartärgeologische Beobachtungen im Tagebau Profen bei Zeitz. – Freiberger Forsch.-H., C 21, S. 40–92, Berlin 1955.

Gutachten und Stellungnahmen der Bezirksstelle für Geologie Dresden unveröffentlicht.

Zur Erreichung einer größeren Erkundungstiefe

Statistische Auswertung tieferer Reflexionen in Ostbrandenburg und der Niederlausitz[1])

HELMUT HOFFMANN, Uckro (Niederlausitz)

(Mitteilung aus dem VEB Geophysik, Leipzig)

In Ostbrandenburg und der Niederlausitz ist es im Rahmen routinemäßiger reflexionsseismischer Messungen bisher nicht gelungen, über größere Entfernungen korrelierbare tiefere Reflexionen zu erhalten und zur Darstellung zu bringen.

Eine statistische Bearbeitung aller registrierten Reflexionselemente ermöglicht die Einbeziehung auch nicht fortlaufend korrelierbarer Reflexionen mit Laufzeiten bis etwa 3 s in die Auswertung. Darüber hinaus gestattet eine solche Bearbeitung eine schnelle Beurteilung des Charakters eines umfangreichen Seismogrammaterials.

DOHR (1957) und LIEBSCHER (1962) konnten in Westdeutschland mittels einer statistischen Betrachtungsweise von Reflexionselementen tiefe Unstetigkeitsflächen nachweisen bzw. wahrscheinlich machen.

Die Bearbeitung von Seismogrammen der Niederlausitz und Ostbrandenburgs ergab aus dem bislang vorliegenden Material Hinweise auf Horizonte im Präzechstein. Außerdem liefert die summarische Auswertung in einigen Meßgebieten, in denen bisher durch reflexionsseismische Messungen aus dem Zechstein nur einzelne Reflexionen aufgenommen werden konnten, Anhaltspunkte für die Lage des Zechsteinreflektors Z.

Methode

Zunächst muß geprüft werden, ob die geologischen und geophysikalischen Voraussetzungen für die Anwendbarkeit der Methode gegeben sind: hinlänglich horizontale Lagerungsverhältnisse im Präzechstein, keine Verwerfungen mit großen Sprunghöhen und keine horizontalen Geschwindigkeitsänderungen. Sind die angeführten Bedingungen nicht erfüllt, faßt man Reflexionen zusammen, die nicht von ein und derselben Grenzfläche stammen, und die Methode führt zu falschen Schlüssen.

Es ist also wesentlich, daß die geologisch-tektonischen Verhältnisse beachtet werden. Durch Aufgliederung größerer Gebiete in Teilgebiete, in denen die Voraussetzungen zur Auswertung von Tiefenreflexionen erfüllt sind, läßt sich jedoch die Anwendbarkeit der Methode in vielen Fällen erreichen. Für den Bereich mit um 1 bis 3 Sekunden größeren Laufzeiten als den für die Zechsteinreflexion registrierten sollte man ein größeres Untersuchungsgebiet analog der Zusammenfassung von Geschwindigkeitsbestimmungen zu -ansätzen — nach der Lage der reflexionsseismischen Profile zu einer Struktur oder zu regionalen tektonischen Störungen gliedern. Oft geben dazu schon vorliegende Isochronen- oder Tiefenlinienpläne eines reflexionsseismischen Leithorizonts bzw. eine tektonische Karte des Untersuchungsraums die nötigen Anhaltspunkte.

Sind die Voraussetzungen für die Anwendbarkeit der Methode im betreffenden Meßgebiet geprüft und erfüllt — zum Teil werden sie dem Erkenntnisstand entsprechend mehr oder weniger hypothetischer Natur sein müssen —, werden die in Zeitintervallen von Seismogramm zu Seismogramm als Reflexionen ange-

[1]) Eingang des Manuskripts in der Redaktion: 30. April 1964

sprochenen Phasenzüge gezählt, intervallweise summiert und graphisch dargestellt. Entstehende Häufigkeitsmaxima sind auf ihre Realität zu untersuchen.

Als „Reflexion" wird jede Amplitudenerhöhung über den normalen Störpegel hinaus und gewisse Phasengleichheit über mindestens 10 von 24 Spuren definiert.

Die Phasenzüge sind nach ihrer Qualität meist in drei Kategorien (fragliche, durchschnittliche und gute) eingeteilt worden. Bei den Reflexionen handelt es sich natürlich nicht nur um einfach reflektierte Wellen. Der statistische Background einer jeden Häufigkeitsverteilung wird sich vielmehr aus mehrfach reflektierten, refraktierten, diffraktierten Wellen und Wellentypen zusammensetzen, die durch Interferenz zwischen den aufgezählten und Nutzwellen entstanden sind.

Beim Vergleich von für einzelne Gebiete aufgestellten Häufigkeitskurven miteinander ist das Bezugsniveau zu beachten, auf das die Seismogramme korrigiert vorliegen.

Im hier untersuchten Laufzeit- bzw. Tiefenbereich erscheint es sinnvoll, die Intervallbreite möglichst klein zu wählen. Nachträglich kann jederzeit eine Zusammenfassung zu größeren Intervallen vorgenommen werden. Die gewählte Intervallbreite von 0,02 s entspricht etwa der Schwingungsdauer einer Phase eines Wellenzuges.

In der Breite der Häufigkeitsmaxima drücken sich im allgemeinen Mehrphasigkeit und vorhandene Neigung der Horizonte aus. Außerdem könnten Mächtigkeitsschwankungen im Hangenden Verschiebungen in den Laufzeiten tieferer Horizonte hervorrufen.

Ergebnisse (Abb. 1)

Abgesehen von dem durch den Umfang des vorhandenen auswertbaren Materials bedingten Qualitätsunterschied der Kurven sind die „Statistogramme" (als Synonym für „Häufigkeitskurven" gebraucht) im Untersuchungsgebiet unterschiedlich gebaut: Im Norden zeigen sie mehrere deutliche Maxima, im Süden weit weniger ausgeprägte Häufigkeitsspitzen.

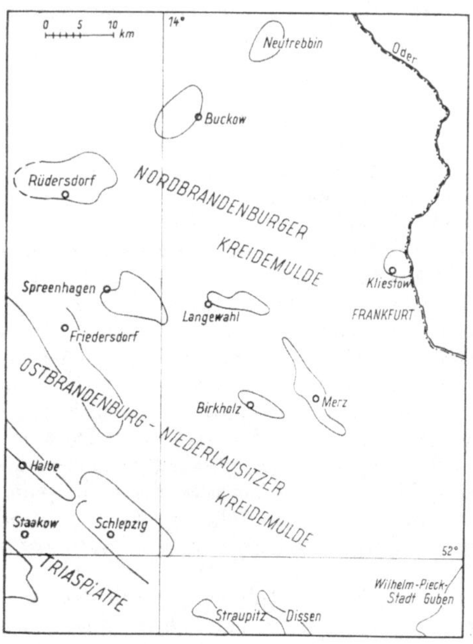

Abb. 1. Lageskizze mit refraktionsseismischen Kurzzeitengebieten

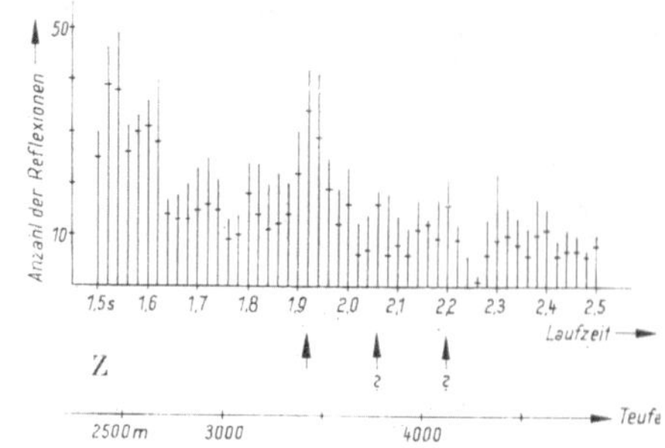

Abb. 2. Statistische Auswertung tieferer Reflexionen; Struktur Birkholz

Profile Bhg. IV/3, Sb 9–24, Bhg. IVa, Bhg. IVb

Die stark ausgezogene Anzahl der Reflexionen gibt die Zahl der guten, die Zahl bis zum waagerechten Strich die der durchschnittlichen Reflexionen an.

– Die Zeichenerklärung gilt auch für Abb. 3 bis 6. –

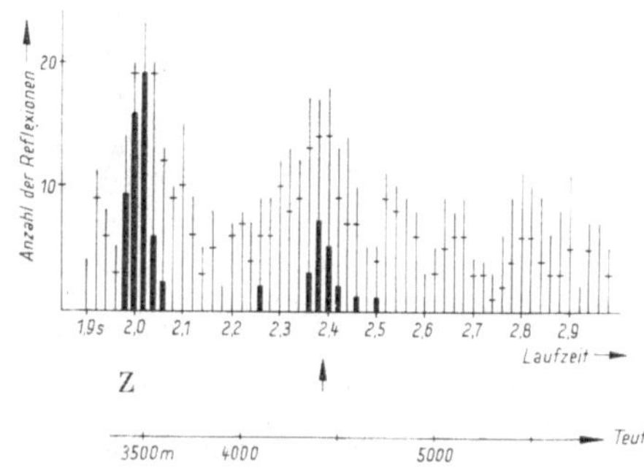

Abb. 3. Statistische Auswertung tieferer Reflexionen; Mulde nordöstlich der Struktur Neutrebbin

Profil Bhg. III/3, Sb 78–93

Im Norden ist mit aller Deutlichkeit mindestens ein Horizont im Präzechstein fixiert worden. Weitere Häufigkeitsmaxima (sog. Nebenmaxima[2])) sind vorerst nicht sicher konnektierbar. Für die Realität der Häufigkeitsspitzen im nördlichen Teil des Gebiets sprechen besonders die für die Strukturen Birkholz und Neutrebbin aufgestellten Statistogramme. Das Häufigkeitsmaximum von Birkholz (Abb. 2) bei 1,54 s entspricht dem in der Nähe der Zechsteinbasis gelegenen Zechsteinreflektor Z, die Spitze bei 1,92 s einem ebenfalls auf den Tiefenprofilen angedeuteten Horizont, der dem Präsalinar zuzuordnen ist. Die diskordante Lagerung von Trias und Präsalinar schließt die Erklärung des Hauptmaximus wie auch der Nebenmaxima als einfache oder kompliziertere Multiple von Leithorizonten plausibel aus. Auf dem Regionalprofil Brandenburg V, das in SE–NW-Richtung von Frankfurt (Oder) entlang der Oder nach Oderberg geführt wurde, ist ein entsprechender präsalinarer Horizont über größere Entfernungen verfolgt worden. Er fällt leicht nach Norden ein, was mit dem regionalen, auch aus gravimetrischen Messungen hervorgehenden Absinken des Grundgebirges übereinstimmt. Auch auf dem SW–NE verlaufenden Regionalprofil Brandenburg III, das die Struktur Neutrebbin überquert, ist dieser Reflektor nachweisbar. Das Statistogramm für die Struktur Neu-

[2]) Die Nebenmaxima stellen möglicherweise Inhomogenitätsflächen höherer Ordnung dar.

trebbin (Abb. 3) und deren Flanke weist bei 2,4 s ein Maximum auf, während der Buntsandsteinhorizont S zwischen 0,9 und 1,0 s reflektiert.

Auch die Statistogramme der Strukturen Spreenhagen, Rüdersdorf und Friedersdorf-Nord zeigen deutliche Maxima 0,3 bis 0,4 s unterhalb der t_0-Zeit des Horizonts Z. Im Vergleich mit den oben angeführten Kurven darf man mit einer gewissen Wahrscheinlichkeit diesen Häufigkeitsspitzen eine reale regionale Bedeutung beimessen.

Unter Annahme einer Geschwindigkeit von 5000 m/s für den Präzechstein läge der den Maxima entsprechende Horizont im nördlichen Teil des Untersuchungsgebiets 750 bis 1000 m unter der Basis Staßfurt-Serie in der Nähe der Rotliegendbasis, da in der Tiefbohrung Rüdersdorf 13 rund 850 m Rotliegendes erbohrt worden sind. Von Süden (Raum Birkholz) nach Norden (Raum Neutrebbin) sinkt dieser Horizont — ebenso wie der Zechsteinreflektor — um etwa 1000 m. Im Süden liegt er in ca. 3400 m Tiefe, im Norden bei 4400 m.

Die Auswertung von Seismogrammen aus dem östlichen, im Gebiet der DDR gelegenen Teil der Struktur Guben (Abb. 4) ergab bei 1,24 und bei 1,46 s bemerkenswerte Maxima. Während das erstere noch durch Multiple des Triasreflektors S erklärt werden könnte, liegt das zweite wieder etwa 0,4 s unter Z, ist aber wegen der regionalgeologischen Stellung der Struktur Guben zur Subsudetischen Monoklinale kaum mit dem obendiskutierten Horizont zu konnektieren. Reflektierte Wellen mit einer Laufzeit von 1,46 s kämen bei den angenommenen Geschwindigkeitsverhältnissen, bezogen auf die Tiefbohrung Guben 2, aus dem Grundgebirge.

Im südlichen Teil des Untersuchungsgebiets verwischen sich die markanten Häufigkeitsspitzen, der statistische Hintergrund steigt an, und die als sehr sicher angesprochenen Reflexionen zeigen weniger deutliche Häufungsstellen. Die Kurven sind Ausdruck der komplizierten seismogeologischen Situation im Salinar und Subsalinar.

Im Meßgebiet Schlepzig sind im Laufzeitbereich des im Norden so typischen, gut korrelierbaren Reflektors Z zwei bis drei Horizonte angedeutet, die nicht sicher verfolgt werden können. Im Statistogramm drückt sich der komplizierte Charakter der Reflexionsverhältnisse

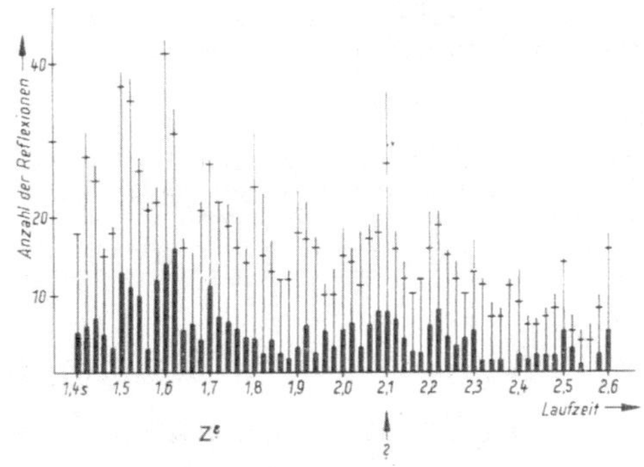

Abb. 5. Statistische Auswertung tieferer Reflexionen; Meßgebiet Schlepzig

Profil III, Sb km 20,0 – 32,0

aus (Abb. 5). Falls das Maximum bei 2,1 s reell ist und mit den im Norden ausgeprägten Präzechstein-Maxima konnektiert werden darf, wäre die Spitze bei 1,7 s mit Z zu identifizieren. Ähnlich schwer deutbare Kurven liegen für die Meßgebiete Groß Köris—Halbe, Friedersdorf-Süd und Mittenwalde (westlich der Struktur Friedersdorf gelegen) vor. Auf allen ist nur die Lage von Z eindeutig zu erkennen.

Für die Kurve Triasplatte stand nur wenig brauchbares Material zur Verfügung (Abb. 6). Das bei 0,9 s angedeutete Maximum könnte nach der Tiefbohrung Lübben 102 unter Zugrundelegung der einigermaßen bekannten Geschwindigkeitsverteilung Z zuzuordnen sein.

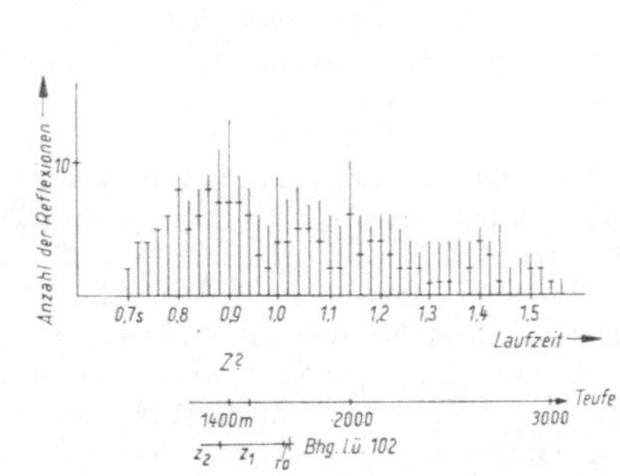

Abb. 6. Statistische Auswertung tieferer Reflexionen; Lausitzer Triasplatte

Profil Lau III/1, Sb 3 – 20

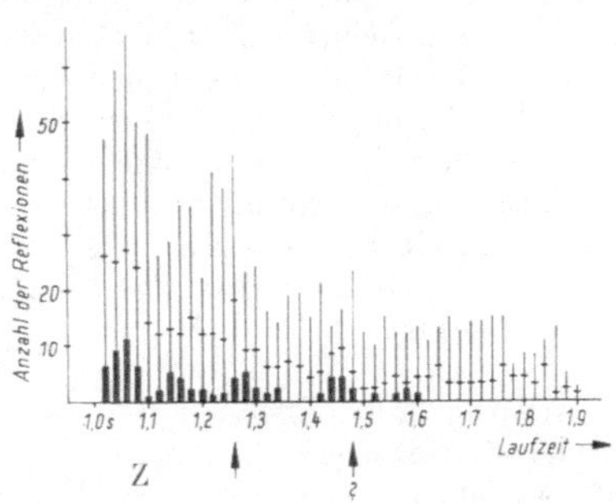

Abb. 4. Statistische Auswertung tieferer Reflexionen; Wilhelm-Pieck-Stadt Guben

Profile XV, Sb km 0 – 14,1; XIV, Sb 0 – 14,4; XIVa, Sb km 0 – 7,6

Zusammenfassung

Durch eine statistische Betrachtungsweise kann die Eindringtiefe der bisher durchgeführten reflexionsseismischen Messungen ohne zusätzlichen meßtechnischen Aufwand wesentlich erhöht werden.

Nach den vorliegenden Statistogrammen darf man zumindest im nördlichen Teil der Brandenburger Senke eine mehr oder weniger gleichbleibende Mächtigkeit des nach Norden einfallenden Rotliegenden annehmen.

Резюме

Глубинность проведенных до сих пор сейсмических измерений по методу отраженных волн может быть путем статистического подхода значительно повышена без добавочных измерений.

По полученным статистограммам можно предполагать, что по наименьшей мере в северной части Бранденбургской впадины мощность падающего на север красного лежня остается более или менее постоянной.

Summary

A statistical approach enables without additional surveying a substantial increase in the penetration depth of hitherto carried out seismic reflection investigations.

According to the statistical diagrams available, a more or less constant thickness of the New Red Sandstone dipping towards the north may be supposed at least in the northern part of the Brandenburg depression.

Literatur

DOHR, G.: Ein Beitrag der Reflexionsseismik zur Erforschung des tieferen Untergrundes. – Geol. Rdsch., 46, 1, S. 17–26 (1957).

LIEBSCHER, H.-J.: Reflexionshorizonte der tieferen Erdkruste im Bayrischen Alpenvorland, abgeleitet aus Ergebnissen der Reflexionsseismik. Z. f. Geophysik, 28, H. 4, S. 162–184 (1962).

Erdmagnetische Messungen des VEB Geophysik mit Bandwaagen nach FANSELAU[1])

ADOLF BEST, Niemegk, & MARTIN LEHMANN, Leipzig

Neben den Instrumenten, die zur Absolutmessung der erdmagnetischen Elemente dienen, ist im Laufe der Jahre eine Anzahl von Relativmeßgeräten entwickelt worden, die es ermöglichen, Klarheit über die Verteilung des Magnetfeldes der Erde zu gewinnen. Bei Messungen auf dem Lande, die zum größten Teil zur Erforschung der geologischen Zusammenhänge des Untergrundes und zur Auffindung von Lagerstätten durchgeführt werden, aber auch bei den sog. magnetischen Landesaufnahmen hat sich die geomagnetische Feldwaage hervorragend bewährt.

Im Jahre 1914 gelang es ADOLF SCHMIDT (1914/15), eine Schneidenwaage, die zu Registrierungen an Observatorien diente, für den Feldeinsatz umzubauen. Dadurch nahm die erdmagnetische Lagerstättenforschung einen großen Aufschwung. Bis 1947 wurden bei magnetischen Feldmessungen fast ausschließlich diese Feldwaagen eingesetzt. Es fehlte nicht an Versuchen, Feldwaagen nach anderen Konstruktionsprinzipien zu entwickeln, da die Schneidenlagerung sehr empfindlich war und bei rauhem Transport und unsachgemäßer Behandlung schnell beschädigt werden konnte. Von ANGENHEISTER (1926) und KOENIGSBERGER (1925) stammen die ersten Versuche in Deutschland, eine Feldwaage zu bauen, bei der das Magnetsystem von einem Faden oder Band gehalten wurde. Jedoch erst 1947/48 gelang es FANSELAU (1948, 1951), am Observatorium Niemegk eine geomagnetische Fadenwaage zu entwickeln, die in jeder Beziehung den Ansprüchen des Feldbetriebes entsprach und die Nachteile einer Schneidenwaage ausschaltete. Der wesentlichste Vorzug dieser Fadenwaage gegenüber der Schneidenwaage besteht neben einer erheblich geringeren Empfindlichkeit gegen Erschütterungen in der Möglichkeit, den Meßbereich der Waage allein durch die Fadentorsion ohne Eingriff in das Instrument zu erweitern. Dadurch ist es möglich, dieses jederzeit auf einen mittleren Feldwert einzustellen. Ferner entfallen die bei der Schneidenwaage notwendigen Rücklenkungsmagnete. Außerdem kann die Torsion des Fadens selbst als Meßnormale benutzt werden. Durch die Verwendung der Waage als Nullinstrument, d. h. z. B. bei der Z-Waage die Einstellung des Magneten mit Hilfe der Torsion in die exakte Horizontalstellung, werden weitere Fehlerquellen beseitigt.

Neben der Z-Waage wurden dann noch eine H-Waage, eine kombinierte Feldwaage zur Messung von H und Z sowie die sog. Rapidfeldwaage, eine kleine robuste Z-Feldwaage geringerer Empfindlichkeit für Übersichtsvermessungen, entwickelt (FANSELAU 1951, 1953, 1956, 1957, WIESE 1960). Diese vier Feldwaagentypen wurden in den letzten Jahren in größeren Stückzahlen gebaut und zum größten Teil in ca. 20 Länder exportiert, wo sie sich bestens bewährten.

In der Deutschen Demokratischen Republik erhielt 1951 der damalige „Geophysikalische Dienst", Leipzig, den Auftrag zur Durchführung geophysikalischer Erkundungsarbeiten. Der für magnetische Messungen zuständigen Abteilung standen zunächst lediglich einige ältere Schneidenwaagen nach ADOLF SCHMIDT zur Verfügung, die teils dem Geophysikalischen Institut Potsdam, teils dem Geophysikalischen Institut der Universität Leipzig gehörten. Bereits nach wenigen Monaten stellte das Observatorium Niemegk die erste von FANSELAU entwickelte Bandwaage zur Felderprobung zur Verfügung. Die Vorteile dieses neuen Instrumentes zeigten sich schon nach kurzer Zeit. Da die Serienproduktion des Gerätes bei der damaligen Firma Askania, Teltow, bald anlief, konnte der Geophysikalische Dienst weitere Waagen erwerben, und schließlich waren sämtliche fünf Magnetiktrupps mit Bandwaagen ausgerüstet. Von Beginn des Einsatzes im Jahre 1951 bis heute haben sich die Geräte unter den verschiedensten Bedingungen bestens bewährt. Die Gesamtzahl der in diesem Zeitraum vermessenen Stationen kann auf zwei Millionen geschätzt werden.

Die „klassische" Aufgabe für die magnetische Meßmethode ist die Erkundung von Magnetitlagerstätten. Wenn auch auf dem Gebiet der DDR keine derartig großen Vorkommen wie in Schweden und der UdSSR vorhanden sind, wo mit Hilfe magnetischer Messungen Eisenerzvorräte von mehreren Milliarden Tonnen nachgewiesen werden konnten, wurde doch in den Jahren 1952—1954 auch im Gebiet der DDR, bei Berggießhübel in Sachsen und im Thüringer Wald bei Schmiedefeld, versucht, in kleinerem Umfang Magnetiterze nachzuweisen.

Größere wirtschaftliche Erfolge waren bei der Erkundung von Roteisenerzvorkommen im Schleizer Trog und besonders im Bereich des Elbingeröder Komplexes (Harz) zu verzeichnen (SÄRCHINGER 1959). Durch die magnetischen Messungen konnten den Geologen wichtige Hinweise für das Auftreten dieser im Zusammenhang mit dem devonischen Vulkanismus entstandenen Erzlager gegeben werden. In geringem Umfang werden diese Untersuchungen auch jetzt

[1]) Eingang des Manuskripts in der Redaktion: 20. 7. 1964.

noch durchgeführt. Dazu kamen in den letzten Jahren umfangreiche magnetische Messungen im Erzgebirge zur Erkundung von Magnetitskarnen.

Magnetische Untersuchungen mit der Feldwaage erfolgten aber auch zur Auffindung von Nichteisenerzen. Einen besonders großen Umfang nahm die Erkundung von Nickelhydrosilikaten, die durch die Verwitterung von Serpentiniten entstehen, im Sächsischen Granulitgebirge an (JUBELT & LAUTERBACH 1954, JUBELT 1957 und 1962).

Eine weitere Aufgabe für die Magnetik war das Aufsuchen von Lamprophyrgängen im Lausitzer Granodioritmassiv und von Basaltvorkommen in der Vorderrhön. Durch magnetische Messungen in Abständen von 5 m konnten die Grenzen dieser Gesteine rasch und mit verhältnismäßig großer Genauigkeit festgelegt werden (LEHMANN 1956).

Nicht unerwähnt soll auch das Problem bleiben, mit Hilfe magnetischer Messungen Bombenblindgänger aus dem letzten Weltkrieg aufzusuchen. Viele Hektar Land mußten im Vorfeld von Braunkohlentagebauen mit Stationsabständen von 2—3 m untersucht werden. Bei diesen geringen Abständen kann ein routinierter Beobachter mit der Bandwaage in 30—40 sec eine Messung durchführen.

Eine weitere Hauptaufgabe bildet die Vervollständigung der magnetischen ΔZ-Karte der DDR. Bereits in den dreißiger Jahren war das norddeutsche Flachland mit seiner mächtigen sedimentären Bedeckung bis zu den Mittelgebirgen mit Schneidenwaagen regional vermessen worden (LAUTERBACH 1953/1954). Die noch nicht magnetisch untersuchten Flächen lagen fast sämtlich in Gebieten mit anstehenden oder oberflächennahen kristallinen Gesteinen. In den vergangenen Jahren konnte die regionalmagnetische Aufnahme der DDR bis auf den Harz, das Osterzgebirge und Teile der Lausitz abgeschlossen werden (LEHMANN 1959, 1961).

Während über Sedimentgesteinen Stationsabstände von mehreren Kilometern i. a. zur Erfassung von magnetischen Anomalien ausreichen, ist es bei geringer Tiefenlage des magnetisch wirksamen Kristallins notwendig, die Abstände wesentlich zu verringern. So betrugen z. B. im Gebiet des Thüringer Waldes und des Erzgebirges die Abstände der vermessenen Punkte 200—400 m.

Die große Zahl von Stationen in verhältnismäßig kurzer Zeit zu vermessen, war nur durch den Einsatz von Bandwaagen mit ihrem großen Meßfortschritt möglich. Die Geräte arbeiteten trotz der unvermeidbaren Erschütterungen in den benutzten Geländefahrzeugen stets einwandfrei.

Neben diesen zahlreichen Aufgaben im Gebiet der DDR kamen die magnetischen Feldwaagen durch Meßtrupps des VEB Geophysik bei verschiedenen Aufträgen im Ausland zum Einsatz. In Albanien erfolgten magnetische Messungen zur Erkundung von Chromitvorkommen, in Rumänien zum Aufsuchen von Eisenerzen und in der Mongolei zur Ermittlung von Quarzgängen im magnetisch wirksamen Nebengestein.

Aus der Vielzahl der von Meßtrupps des VEB Geophysik durchgeführten Projekte worden von drei Gebieten die Ergebnisse in Heft 10, 11 und 12/1964 dieser Zeitschrift ausführlicher dargelegt werden.

Literatur

ANGENHEISTER, G.: Magnetische Waage mit Fadenaufhängung. — Z. Geophysik, Bd. II, H. 1, Braunschweig 1926.

FANSELAU, G.: Über eine neue magnetische Vertikalfadenwaage. — Z. Meteorologie, Bd. 2, S. 216—225, Berlin 1948.

— Weitere Versuche mit der magnetischen Fadenwaage. — Z. Meteorologie, Bd. 5, S. 239—245, Berlin 1951.

— Über die Neigungsempfindlichkeit bei den geomagnetischen Feldwaagen. — Jb. d. Adam-Schmidt-Observ. Niemegk, 1953.

— Über die Reduktion von Messungen mit den magnetischen Feldwaagen, spez. den kombinierten Feldwaagen. — Freiberger Forsch.-H., C 22 (1956).

Einige Neuerungen an den geomagnetischen Feldwaagen. — Geophysical Prospecting, Vol. V, Nr. 1 (1957).

JUBELT, R.: Petrotektonik und Lagerstättenbildung silikatischer Nickelerze am Südrand des Sächsischen Granulitgebirges. — Ber. geol. Ges. DDR, H. 2, S. 71—83, Berlin 1957.

— Komplexe Kartierung zum Aufsuchen von Nickelhydrosilikatlagerstätten im Sächsischen Granulitgebirge. — Ber. geol. Ges. DDR, H. 1, S. 67—116, Berlin 1962.

JUBELT, R., & R. LAUTERBACH: Die Metabasitkörper des südwestlichen Granulitgebirges. — Geologie, 3, H. 6/7, 773—803, Berlin 1954.

KOENIGSBERGER, J.: Vertikalvariometer für Feldmessungen. — Z. Geophysik, Bd. I, H. 6 (1925).

LAUTERBACH, R.: Beiträge zur tektonischen Deutung der geomagnetischen Übersichtskarte der DDR. — Wiss. Z. Karl-Marx-Univ. Leipzig, Math.-naturwiss. R., 3, 3 (1953/1954).

LEHMANN, M.: Die erdmagnetische Vermessung von Nordwestsachsen. — Z. angew. Geol., 5, H. 6, 250—254, Berlin 1959.

— Die erdmagnetische Regionalvermessung des Granulitgebirges und des Frankenberger Zwischengebirges. — Z. angew. Geol., 7, H. 9, 455—462, Berlin 1961.

— Geomagnetische und geoelektrische Untersuchungen an Lamprophyrgängen in der Lausitz. — Geologie, 5, H. 6, 515—527, Berlin 1956.

SÄRCHINGER, H.: Erdmagnetische Untersuchungen im Mittelharz und ihre geologische Aussage. — Ber. geol. Ges. DDR, H. 1, S. 59—81, Berlin 1959.

SCHMIDT, A.: Ein Lokalvariometer für die Vertikalintensität. — Tätigkeitsber. kgl. preuß. meteorol. Inst. 1914/1915.

WIESE, H.: Geomagnetische Instrumente und Meßmethoden in Geomagnetismus und Aeronomie. — Bd. II, herausgeg. von G. FANSELAU, Berlin 1960.

Aufsuchen und Erkunden verdeckter Erzkörper in den USA[1)]

L. B. DRALJUK, Moskau

In der Zeitschrift „Economic Geology" wurde ein Aufsatz über das Aufsuchen und die Erkundung sulfidischer Lager in East Tintic (Staat Utah) veröffentlicht.[2)]

In diesem Gebiet liegt eine mächtige Folge paläozoischer Sedimentgesteine vor, überdeckt von vulkanischen Gesteinen. In diese Gesteine intrudierten tertiäre Monzonite und Quarzporphyre. Die Erzkörper bestehen gewöhnlich aus Lagern massiger Silber- und Silber-Blei-Erze in Kalken, die von ihnen verdrängt, gequetscht und durch Verwerfungen gestört wurden.

Die Sucharbeiten auf verdeckte Erzkörper auf dem Gebiet von Chief Oxide in East Tintic, welches 1,6 km östlich der in West Tintic bekannten Erzkörper liegt, wurden 1943 vom U.S. Geological Survey im Gebiet von pyritisierten Rhyolithen begonnen, die für das Auffinden von Erzkörpern als aussichtsreich betrachtet wurden.

Durch geochemische Untersuchungen wurden anhand der primären Dispersionshöfe in den pyritisierten Rhyolithen in einem relativ kleinen Gebiet (0,6 km^2) mehrere höhere Gehalte an Schwermetallen nachgewiesen. Das diente als Grund dafür, in diesem Gebiet Bohrungen niederzubringen, zu dem Zweck, die geochemischen Anomalien, die Stratigraphie und die Struktur dieses Bereichs zu untersuchen sowie die Mäch-

1) Aus: „Raswedka i ochrana nedr", 9/1963, S. 62—64. Übers.: W. OESTREICH, Berlin

2) J. B. BUSH, D. R. COOK, T. S. LOVERING & H. T. MORRIS: The Chief Oxide-Burgin Area Discoveries, East Tintic District, Utah; a Case History. Part I. U.S. Geological Survey Studies and Exploration. T. S. LOVERING & T. H. MORRIS, Econ. Geol., No. 6, S. 1116—1147 (1960).
Part II. Bear Creek Mining Company Studies and Exploration. J. B. BUSH & D. R. COOK. Econ. Geol., No. 7. S. 1507—1540 (1960).

tigkeit der Rhyolithe zu bestimmen. 1952 wurden zwei Schlagbohrungen mit einer Teufe von je 360 m niedergebracht. Beim Abteufen von Bohrung 1 wurden eine Zone mit armer Zinkmineralisation sowie hydrothermal veränderte Gesteine durchteuft, bestehend aus Dolomiten und pyritisierten Jasperoiden. Für die Gewinnung eines vollwertigen Kerns entschied man sich, die Bohrung 2 auf 480 m zu vertiefen. In den Teufen von 430 und 480 m konnten Zonen mit Pb-Zn-Mineralisation sowie veränderte Gesteine angetroffen werden, wie sie für erzumgebende Zonen typisch sind.

Durch weitere Arbeiten umgrenzte man die Zonen der pyritisierten Rhyolithe an der Oberfläche (1,3 km^2) und in der Tiefe; ferner wurde eine Reihe kleiner geochemischer Anomalien untersucht. Zu diesem Zweck fuhr man quer zum Streichen der Kontakte zwischen pyritisierten und nichtpyritisierten Rhyolithen mit Bulldozern Schurfgräben auf und setzte 15 senkrechte und Schrägbohrungen mit Teufen von 25–230 m an. Gleichzeitig wurden geothermische Untersuchungen in den Bohrungen durchgeführt, die tiefer als 33 m waren.

Mit Ausnahme der geothermischen Messungen lieferte der Einsatz geophysikalischer Methoden keine positiven Ergebnisse. Mit widerstandselektrischen Messungen konnte in einer Teufe von 130 m im südöstlichen Teil des Gebiets der veränderten Gesteine, das von einer mächtigen Folge von kieseligen Gesteinen überdeckt wird, eine niederohmige Zone mit sulfidischer Mineralisation nachgewiesen werden. Beim Niederbringen der Bohrung 5 (Teufe 155 m) innerhalb der Anomalie wurden nur unverwitterte Tuffe aufgeschlossen. Die elektrische Bohrlochmessung lieferte ebenfalls keine zuverlässigen Ergebnisse für die Interpretation. Es gelang nicht, nach der Impulsmethode die Grenze des pyritisierten Rhyoliths zu bestimmen, hauptsächlich deshalb nicht, weil nach Ansicht der Geophysiker der Pyrit zu feinkörnig und sein Gehalt unerheblich ist. Die Angaben der magnetischen Kartierung, die zur Bestimmung der Lagerungsteufe der nichtpyritisierten Rhyolithe durchgeführt wurde, wurden durch Bohrungen und bergmännische Aufschlüsse nicht bestätigt. Durch die gravimetrische Erkundung konnten ebenfalls keine Anomalien festgestellt werden.

Geothermische Untersuchungen der Bohrungen zeigten, daß die mittlere geothermische Tiefenstufe 2,2–2,7° auf 33 m beträgt; in Bohrung 12, in unpyritisierten Rhyolithen, betrug ihr Wert 5,5° auf 33 m, was Grund zu der Vermutung gab, in der Tiefe einen durch die Existenz eines sulfidischen Körpers bedingten Oxydationsprozeß anzunehmen.

Mit einer detaillierten geologischen Karte der veränderten Gesteine im Maßstab 1:4800 (Abb. 2) galt die Arbeit als abgeschlossen.

Die nachfolgenden Erkundungsarbeiten auf dem Gebiet von Chief Oxide wurden von der Bear Creek Mining Company durchgeführt. Nach der detaillierten geologischen Untersuchung der benachbarten Erzbereiche in West Tintic wurde eine vorläufige ökonomische Einschätzung des Gebiets von Chief Oxide unter Berücksichtigung der Abbaukosten sowie des Profits, wie sie sich in den benachbarten Gruben ergaben, vorgenommen.

Im Jahre 1956 nahm die Gesellschaft die Arbeit auf und begann mit der Luftbildkartierung, der Anfertigung geologischer Karten 1:4800 auf topographischer Grundlage sowie großmaßstäblicher Karten 1:2400 und 1:1200 auf den höffigsten Flächen, wobei zur Schaffung künstlicher Aufschlüsse weitgehend Bulldozer eingesetzt wurden. Die detaillierten geochemischen Untersuchungen bestanden in der Entnahme von Proben des Anstehenden in einem engen Netz mit nachfolgender Röntgenspektralanalyse der Proben auf 10 Elemente.

Die aeromagnetische Kartierung zur Bestimmung verborgener Intrusionen sowie Verwerfungs- und Überschiebungszonen wurde in East Tintic mit dem Varian-Magnetometer durchgeführt. Die Interpretation der Ergebnisse erwies sich jedoch durch das Vorhandensein verschiedenartiger Gesteine mit unterschiedlicher magnetischer Suszeptibilität als schwierig. Die elektrische Erkundung zum Nachweis von Lagern kompakter sulfidischer Erze erfolgte nach den Methoden des natürlichen Feldes und der induzierten Polarisation. Die Verwendung dieser Methoden lieferte jedoch wegen der überall zu beobachtenden Verbreitung des Pyrits in den überdeckenden vulkanischen Gesteinen (Rhyolithen) und der wasserführenden Horizonte in den gestörten Zonen keine positiven Ergebnisse.

Unter Berücksichtigung der Erfahrungen mit Bohrarbeiten in East Tintic wurde beschlossen, einen Erkundungsschacht auf 350 m abzuteufen, da Bohrungen von der Oberfläche aus wegen des schlechten Kerngewinns und der hohen Bohrkosten die Erkundung und Untersuchung der Lagerstätte nach der Tiefe hin nicht garantierten. Es wurde vorgesehen, in diesem Schacht Räume für den Ansatz von UT-Bohrungen in den günstigsten Bereichen zu schaffen sowie einen Querschlag zum Nachweis der großen vermuteten Überschiebung aufzufahren, innerhalb derer die Lokalisierung einer Erzakkumulation erwartet werden konnte.

Für die Wahl des Ansatzpunkts des Erkundungsschachts wurden fünf Bohrungen mit einer Teufe zwischen 270–760 m und einem Gesamtbohrmeteraufwand von 2050 m niedergebracht. Durch diese Arbeiten konnte in den paläozoischen Gesteinen von Bohrung 1 in einer Teufe von 362 m eine 5 m mächtige Schicht von Manganerz mit As, Au und Cu angetroffen werden, die, wie später festgestellt wurde, eng mit den sulfidischen Erzen zusammenhängt. Ferner wurden die Mächtigkeit der pyritisierten vulkanischen Gesteine sowie die Richtung ihres Einfallens bestimmt.

Beim Auffahren des Westquerschlages wurde in 150 m Entfernung vom Schacht eine steileinfallende, N–S streichende Spalte angetroffen, die mit Mn-, Fe-, Pb- und Zn-Sulfiden mineralisiert war. Zur Verfolgung dieser Vererzung wurden im Streichen der Spalte die Strecke „a" mit einer Teufe von 138 m sowie die Strecke „b" mit einer Teufe von 160 m aufgefahren.

Die Arbeiten im Westquerschlag wurden eingestellt, nachdem in 266 m Entfernung vom Schacht die Manganvererzung mit einem erheblichen Gehalt an Blei und Zink angetroffen und die East-Tintic-Überschiebung 430 m vom Schacht entfernt durchfahren worden war.

Im Jahre 1958 wurden längs des Liegenden der East-Tintic-Überschiebung die nördliche Strecke (c) und die südliche Strecke (d) aufgefahren; in der zuletzt genannten konnten drei Linsen von Bleierz, die in Gesteinen mit Manganvererzung liegen, nachgewiesen werden. Die zusätzliche Strecke „e" gestattete es, die Mächtigkeit des Manganerzes zu bestimmen und eine Fläche für das Niederbringen von Bohrungen auszusondern, um die Vererzung im Einfallen zu verfolgen. Im Jahre 1959 wurde der Westquerschlag auf 170 m ver-

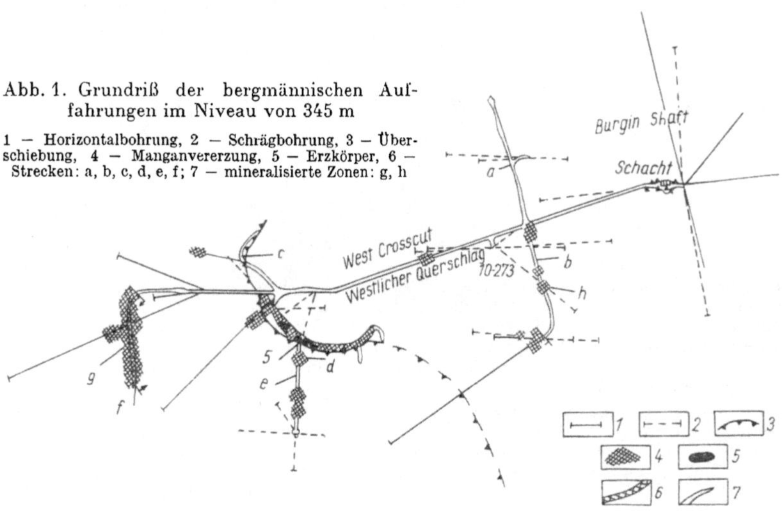

Abb. 1. Grundriß der bergmännischen Auffahrungen im Niveau von 345 m

1 – Horizontalbohrung, 2 – Schrägbohrung, 3 – Überschiebung, 4 – Manganvererzung, 5 – Erzkörper, 6 – Strecken: a, b, c, d, e, f; 7 – mineralisierte Zonen: g, h

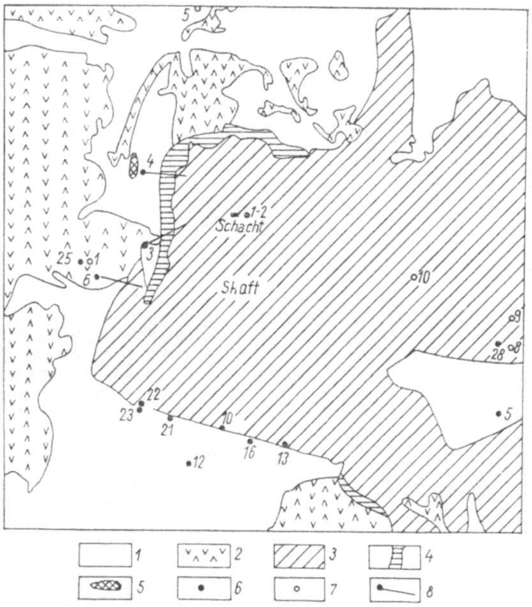

Abb. 2. Geologische Karte der veränderten Gesteine im Gebiet von Chief Oxide, East Tintic, USA (nach T. S. Lovering & H. T. Morris)

1 – Quartär, 2 – unveränderte tertiäre Rhyolithe, 3 – pyritisierte Rhyolithe, 4 – argillitisierte Rhyolithe, 5 – calcitisierte Rhyolithe, 6 – Vertikalbohrungen des U.S. Geological Survey, 7 – Vertikalbohrungen der Bear Creek Mining Co., 8 – Schrägbohrungen des U.S. Geological Survey

längert, um das geringwertige Erz zu untersuchen, das bis dort von einer Horizontalbohrung aufgeschlossen war. Diese Mineralisation wurde dann mittels der Strecke „f“ verfolgt. Insgesamt wurden 1580 m horizontale Abbaue aufgefahren (Abb. 1). Beim UT-Bohren wurden vertikale, horizontale und geneigte Bohrungen mit einem Gesamtbohrmeteraufwand von 5160 m durchgeführt. Die Verwendung einer Kernbohrausrüstung mit abnehmbarem Kernrohr gewährleistete einen 86%igen Kerngewinn. Die bergmännischen Arbeiten und Bohrungen ergänzten geochemische Untersuchungen der anstehenden Gesteine anhand der primären Dispersionshöfe und geothermische Messungen. Bei der geochemischen Bemusterung wurden im Westquerschlag 5 Anomalien mit höherem Blei- und Zinngehalt (von 0,2 bis 1,8%) festgestellt. Man überprüfte diese sogleich mit vertikalen und Schrägbohrungen, wobei unterhalb des Westquerschlags Erzkörper und mineralisierte Zonen gefunden wurden. Die Ergebnisse der geothermischen Messungen zeigten eine Zunahme der Temperatur im Westquerschlag (West Crosscut) auf 35° im Erzstoß, auf 54,4° am westlichen Ende, was durch die Oxydation der hier nachgewiesenen Erzakkumulationen erklärt werden kann.

Als Fazit der ausgeführten bergmännischen und Bohrarbeiten, des Studiums der Unterlagen der geologischen, geochemischen und geophysikalischen Untersuchungen wurden folgende Erzkörper und mineralisierte Zonen gefunden:

1. Die mineralisierte Zone „3“, aufgeschlossen von der Strecke „b“, konnte auf 200 m im Streichen und auf 100 bis 120 m in die Tiefe verfolgt werden. In devonischen Dolomiten, die mit Blei- und Zinksulfiden mineralisiert sind, wurden schlotartige Erzakkumulationen (mit einem Durchmesser von 1,7–8 m) gefunden, die 65 m unterhalb des Westquerschlags liegen. Die Komponenten des Erzes liegen mit folgenden Durchschnittsgehalten vor: Ag 70,7 g/t; Pb 6,4%; Zn 13,2%; Mn 15%.

2. Erzkörper 5, angefahren von der Strecke „d“; er folgt der East-Tintic-Überschiebung. Seine mittlere Mächtigkeit beträgt 22 m. Zusammensetzung des Erzes: Ag 237,8 g/t; Pb 3,4%; Zn 0,6%.

In der Strecke „f“ wurde eine mineralisierte Zone im Hangenden der East-Tintic-Überschiebung nachgewiesen. Zusammensetzung der Erze: Ag 14,15 g/t; Pb 2,1%; Zn 6,3%; Mn 15,6%.

Geologie und Lagerstättenverhältnisse Kambodschas[1)]

(Mitteilung aus dem VEB Geologische Erkundung West)

Herbert Reh, Jena

Geologische Übersicht

Kambodscha liegt im zentralen Teil der Halbinsel Hinterindien. Es erstreckt sich beiderseits des Unterlaufs des Mekong, dessen Mündungsdelta jedoch bereits in Südvietnam liegt. Im Südwesten grenzt das Land an den Golf von Thailand. Die zentralen Niederungen des Tonle Sap und des Mekong werden im Südwesten von dem bis 1400 m hohen Kambodscha-Gebirge, das aus den Kompong Speu-Hügeln, der Elefanten-Kette, den Cardamom-Bergen und den bereits in Thailand gelegenen Chantabun-Bergen besteht, im Norden von der Dangrek-Kette und im Osten von den Vorbergen des im wesentlichen in Südvietnam gelegenen Indochinesischen Zentralmassivs umgeben.

Sowohl im Kambodscha-Gebirge als auch im Zentralmassiv finden sich präkambrische kristalline Gesteine. In beiden Bereichen wurde auch eine kaledonische Faltung festgestellt, die im Zentralmassiv NE streichende Falten und im Kambodscha-Gebirge SW-vergente Falten erzeugte.

Nach der variskischen Orogenese wurde ein NW-gestreckter Block Indosinia, der außer dem Zentralmassiv noch den NE-Teil Kambodschas und Teile von Thailand und Laos umfaßt (s. Abb.), endgültig konsolidiert, während der Bereich des Kambodscha-Gebirges nochmals kimmerisch mit E-Vergenz schwach gefaltet wurde. Weiter westlich und südlich schließen sich dann mit nach außen gerichteter Vergenz im Bereich von Burma und Indonesien schmale Räume laramischer und tertiärer Faltungen an. H. Stille (1945) hat im Hinterindischen Orogen der alpidischen Ära

Interniden von kimmerischem Alter,
Mediiden von laramischem Alter und
Externiden von tertiärem Alter

unterschieden.

Nach der Trias wurde der urasiatische Block Sinia mit dem mesoasiatischen Block Indosinia zu dem südostasiatischen Schild verschweißt, der die Faltungen der alpidischen Ära entscheidend beeinflußte.

Da Kambodscha im Wirkungsbereich von mindestens vier Orogenesen gelegen ist, sind synorogene und subsequente Intrusionen granitischer Gesteine sowie Ergüsse subsequenter Vulkanite häufig anzutreffen. Die Tiefengesteine sind im wesentlichen variskisch und im Jura intrudiert. Die subsequenten Vulkanite treten im Oberkarbon, im Perm und in der Trias auf. Als jüngste magmatische Gesteine sind z. T. ausgedehnte Ergüsse quartärer Basalte verbreitet (s. Abb.).

Wie die geologische Übersicht zeigt, werden außer den alten Massiven mit Kristallin und Altpaläozoikum im Zentral-Massiv und Kambodscha-Gebirge große Teile Kambodschas von den „Grès continentaux“ eingenommen, die als Rhät-Lias eingestuft werden. Die darunter lagernden jungpaläozoisch-triadischen Schichten sind im Bereich des Blockes Indosinia in NE-Kambodscha (s. Abb.) flach gelagert. Lediglich im Kambodscha-Gebirge wurden sie

1) Eingang des Manuskripts in der Redaktion: 8. 4. 1964.

Zeitschrift für angewandte Geologie, Bd. 10 (1964) Heft 11

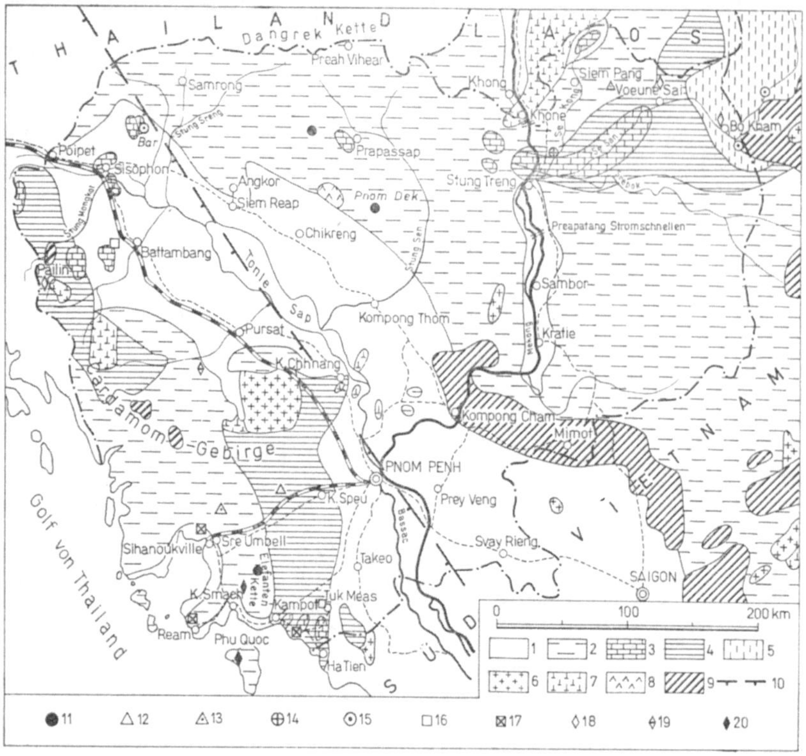

Abb. Geologische Übersicht und Lagerstätten von Kambodscha

1 – Schuttmassen, 2 – Rhät u. Lias, 3 – Karbon, 4 – Altpaläozoikum, 5 – Kristallin, 6 – Granit, 7 – Rhyolith, 8 – alte Basite, 9 – rezente Basalte, 10 – SW-Rand des Blockes Indosinia, 11 – Eisenerz, 12 – Zinkerz, 13 – Bleierz, 14 – Antimonerz, 15 – Gold, 16 – Phosphat, 17 – Salzgärten, 18 – Edelsteine, 19 – Ornamentsteine, 20 – Gagat

nochmals von einer schwachen altkimmerischen Faltung erfaßt.

Die Schichten des Rhät-Lias enthalten vor allem in der Demokratischen Republik Vietnam östlich von Hanoi bedeutende Vorkommen von Anthrazit. Möglicherweise sind sie auch in Kambodscha örtlich kohlenführend entwickelt.

Lagerstätten mineralischer Rohstoffe in Kambodscha

Im Vergleich zu den Nachbarländern, Demokratische Republik Vietnam, Südvietnam und Laos, ist Kambodscha wesentlich ärmer an Lagerstätten nutzbarer Mineralien. Das ist vorwiegend dadurch bedingt, daß der größere Teil des Landes von Alluvionen und zumeist kontinentalen Ablagerungen des Rhät-Lias bedeckt ist, die bei größtenteils flacher Lagerung das lagerstättenhöffigere paläozoische und kristalline Grundgebirge verhüllen. Probleme der Erkundung verdeckter Lagerstätten werden sich demnach in Kambodscha häufig ergeben. Lagerstätten des exogenen Kreislaufs wird man bei der Prospektion besonders zu beachten haben.

Weiterhin haben die geringe Verkehrserschließung und das frühere System der Verleihung von Bergbaurechten dazu beigetragen, daß relativ wenige Lagerstätten und Vorkommen mineralischer Rohstoffe bekannt geworden sind. Selbstverständlich hat auch der großenteils dichte Bewuchs mit Wäldern und Dschungeln eine eingehende Prospektion erheblich behindert.

Da die verfügbaren geologischen Unterlagen für eine Erdöl- und Erdgaserkundung nicht genügten, entschloß sich die Royal Dutch Shell, eine Photogeologische Karte von Kambodscha herstellen zu lassen. Diese Karte wurde 1961 von drei Geologen auf der Grundlage von Luftaufnahmen in Kombination mit Bodenbegehungen innerhalb von acht Monaten angefertigt.

Als erdölhöffig wird vor allem das Gebiet von Sihanoukville (s. Abb.) genannt. Andererseits werden auch Vorhaben zur Raffination importierter Erdöle erörtert. Allerdings wurde 1963 ein Projekt für die Errichtung einer Raffinerie mit einer Kapazität von 300000 t jährlich mit einem Kostenaufwand von 15 Mill. $ von der Regierung abgelehnt, weil man bei dem relativ geringen Durchsatz zu hohe Gestehungskosten befürchtete.

Für die geplante Industrialisierung ist eine Suche nach Kohlen von großer Bedeutung. Selbst in entlegenen Gebieten könnte die Auffindung von Kohlenlagerstätten wichtig sein, wenn andere Bodenschätze in der Nähe festgestellt werden würden. Für den Aufbau einer Eisenindustrie wäre das Vorkommen von Kokskohle von besonderem Wert. Die in Kambodscha sehr verbreiteten Schichten des Rhät-Lias können unter Umständen kohleführend entwickelt sein. Das im Süden des Landes bekannte Vorkommen von Gagat (Jett, polierfähige bitumenreiche Kohle) (Abb. 1) darf als Hinweis auf eine mögliche Kohlenführung gelten.

Offenbar besitzt Kambodscha in Pnom Dek, 70 km nördlich von Kompong Thom (s. Abb.) eine Eisenerzlagerstätte, die für den Aufbau einer heimischen Eisenindustrie geeignet wäre. Diese Lagerstätte, die schon die Cuoi bebauten, wurde zuerst von E. Fuchs 1886 studiert. F. Blondel (1934) konnte feststellen, daß es sich um hochwertige Lateriteisenerze handelt, die aus Limonit, Hämatit und etwas Magnetit bestehen. Er hat 1952 die Vorräte auf 6 bis 8 Mill. t mit 50–55% Fe veranschlagt.

Wahrscheinlich ähnliche lateritische Eisenerze sind in die „Große Illustrierte Länderkunde" (1963) 35 km westlich von Prapassap (Koulen) in Nord-Kambodscha und 40 km im NNW von Kampot in der Elefantenkette eingetragen.

In den letzten Jahren sollen Eisenerzvorkommen von chinesischen Geologen eingehend studiert worden sein. Offenbar sind günstige Verhältnisse angetroffen worden, da die Volksrepublik China im Jahre 1961 einen weiteren Kredit von 10,6 Mill. $ zum Aufbau einer heimischen Eisenindustrie zur Verfügung gestellt hat. Der Standort der Eisenhütte und ob die Verhüttung mittels Koks oder Holzkohle erfolgen soll, ist unbekannt.

Die einzigen Hinweise in der Literatur auf Vorkommen von Blei- und Zinkerzen sind Lagerstättenkarten von S. E. Lavrov (1941) und der „Großen Illustrierten Länderkunde" (1963) zu entnehmen. Ein etwa 30 km westlich von Kompong Speu (s. Abb.) angegebenes Zinkerz-Vorkommen liegt im südlichen Teil der Cardamom-Berge. Es handelt sich möglicherweise um eine Galmei-Lagerstätte in paläozoischen Kalken. Die 30 km im NE von Sihanoukville und 25 km östlich von Siem Pang in Nordost-Kambodscha (s. Abb.) eingetragenen Bleierze liegen im Bereich der Ablagerungen des Rhät-Lias.

Das kleine Goldvorkommen von Bar, 40 km im NE von Sisophon (s. Abb.) steht nach Ch. Jacob (1932) im Zusammenhang mit Ergüssen von Rhyolith (Quarzporphyr), die zu verschiedenen Zeiten im Jungpaläozoikum und in der Trias aufbrachen. Es bleibt zu untersuchen, ob es sich nur um eine Anreicherung in einer Zementationszone handelt oder ob auch primär nennenswerte Erzmengen mit bauwürdigen

Gehalten nachweisbar sind. Goldseifen am Se San oberhalb Bo Kham (s. Abb.) bedürfen der Untersuchung ihrer Ausdehnung und Gehalte.

Ein in der „Großen Illustrierten Länderkunde" etwa 30 km nordöstlich von Stung Treng eingetragenes Antimonerzvorkommen sollte gleichfalls näher erkundet werden; denn gegenwärtig sind nur außergewöhnlich gut vererzte Sb-Lagerstätten bauwürdig.

In Kambodscha sind westlich von Battambang und im Gebiet von Kampot kleine Phosphatvorkommen bekannt geworden, die an stark verkarstete paläozoische Kalke gebunden sind. Es handelt sich im allgemeinen um deszendente Gang- und Anreicherungszonen, in denen ein geringer Phosphorsäuregehalt der Kalke konzentriert wurde. Die bedeutendsten dieser zumeist kleinen Lagerstätten sind anscheinend die von Kampot, die seit 1961 aufgeschlossen werden. Sie sollen 120000 t Phosphat enthalten. Eine neugegründete Gesellschaft will eine Phosphat-Verarbeitungsanlage für 12000 t jährlich in Tuk Meas bei Kampot errichten und betreiben.

Die als „Siamesische Saphire" bezeichneten Edelsteine stammen größtenteils aus dem westlichen Grenzgebiet Kambodschas. Bei Pailin, 75 km südwestlich von Battambang (s. Abb.) werden seit 1875 Saphir, Rubin, Zirkon und schwarzer Spinell (Ferropicotit) aus Seifen gewonnen. Die im allgemeinen orangeroten Zirkone werden durch Erhitzen entfärbt und im Handel als „Weißer Saphir" oder „Siamesischer Diamant" bezeichnet.

Die Seifen waren anfänglich sehr ergiebig. In der besten Zeit wurden innerhalb von zwei Monaten 12 kg Saphir ausgebracht, wobei allerdings wohl auch die „Weißen Saphire" (Zirkon) einbegriffen sind. Um 1900 lebten etwa 10000 Menschen direkt oder indirekt von der Ausbeutung der Edelsteinseifen von Pailin. In den Jahren zwischen 1920 und 1935 wurden etwa 3000 Karat Edelsteine jährlich gewonnen. Seitdem hat jedoch die Erzeugung weiter nachgelassen, da die Seifen nahezu erschöpft sind.

Seit 1912 werden auch im Nordosten Kambodschas bei Bo Keou im Gebiet von Bo Kham (s. Abb.) Rubine, wenig Saphire, gelbliche und orangefarbene Zirkone sowie schwarze Spinelle gewonnen. Sie kommen in den Verwitterungszonen von Basalt vor. Damit ähneln die geologischen Verhältnisse denen von Pailin, wo Limburgit-Laven und -Tuffe des Quartärs von einer Roterdeverwitterung erfaßt wurden. Ähnliche Edelsteinfundpunkte sind noch bei Pak Tin Thom südwestlich von Bo Keou und nördlich von Voeune Sai (s. Abb.) bekannt geworden.

Nach Ansicht von A. LACROIX (1935) sind die Korunde und Zirkone nicht in den Basalten entstanden, in denen sie als Einschlüsse vorkommen, sondern durch Aufschmelzung aus granitisch-pegmatitischen Gesteinen des Untergrunds aufgenommen werden. Die in den Basalten sitzenden Kriställchen von Korund und Zirkon zeigen im allgemeinen deutliche Kantenrundung, während die noch in Blöcken granitischer und pegmatitischer Aufschmelzungsreste vorkommenden Kriställchen scharf ausgebildet sind. Die typischen Begleiter Spinell, Olivin, Augit und Hornblende sind dagegen im Basalt gebildet worden.

Trotz der billigen Herstellung synthetischer Rubine und Saphire finden natürliche Steine heute noch immer ihre Liebhaber, so daß im Norden Kambodschas gegenwärtig noch kleine Edelsteingräbereien betrieben werden.

Als „Marmor von Pursat" wird in Trasey südwestlich von Pursat (s. Abb.) ein zu Kaolinit umgewandeltes rhyolithisches Gestein gewonnen, das sich infolge seiner geringen Härte in bergfeuchtem Zustand gut schnitzen und drechseln läßt. Das weiße, gelbliche und verschiedenfarbig geäderte Gestein erinnert an den chinesischen Pagodenstein, der jedoch im allgemeinen aus Pyrophyllit besteht. Das Material wird in Pursat kunsthandwerklich zu kleinen Statuen, Ornamenten und Vasen verarbeitet.

Eine in tonigen Einschaltungen der „Grès continentaux" vorkommende polierfähige bitumenreiche Kohle wird als Gagat (Jett) auf der Insel Phu Quoc und in der Elefantenkette bei Kompong Smach (s. Abb.) für Drechselarbeiten und kunsthandwerkliche Zwecke gewonnen.

Obwohl Steinsalzausbisse in den Provinzen Kompong Speu, Kompong Chnang, Pursat, Battambang und Kompong Thom bekannt geworden sind, gewinnt man Salz nur in Salzgärten bei Kampot und Ream sowie in geringerem Ausmaß bei Sre Umbell in der Umgebung von Sihanoukville (s. Abb.).

Der geplante Aufbau einer Eisenhütten- und Stahlindustrie sowie einer Industrie, die heimische landwirtschaftliche und mineralische Rohstoffe verarbeitet, ferner die Bauindustrie verlangen den Nachweis von feuerfesten Materialien, Zementrohstoffen und Ziegeleitonen in frachtgünstiger Lage. Für den Eisenbahn- und Straßenbau sind Schotter und Splitt bereitzustellen, wobei die landesübliche Verwendung von Lateritkrusten zu berücksichtigen ist. Es ist zu erwarten, daß eine systematische Prospektion diese Rohstoffe in genügender Menge und Qualität bereitstellen kann.

Literatur

AUTORENKOLLEKTIV: Die große illustrierte Länderkunde. – Bd. I., Europa–Sowjetunion–Asien. Bertelsmann-Verl., Gütersloh 1963.

BLONDEL, F.: Etat de nos connaissances en 1929 sur la géologie de l'Indochine. – Bull. Serv. géol. Indochine, 18, 6 (1929).

– Le Fer dans les autres possessions françaises. – Les Ressources minérales de la France d'Outre-Mer., II, 77–79, Paris 1934.

BLONDEL, F., & L. MARVIER: Symposium sur les Gisements de Fer du Monde. – 19. Int. Geol.-Kongr., 2. Bd., 1, Atlas, Alger 1952.

JACOB, CH.: Indochine française. – La Géologie et les Mines de la France d'Outre-Mer., 385–444, Paris 1932.

LACROIX, A.: Les pierres précieuses, semi-précieuses ou d'ornementation. – Les Ressources minérales de la France d'outre-Mer., III, 267–324, Paris 1935.

LAVROV, S. E.: Indo-China and its mineral wealth. – Eng. Min. J., 142, Nr. 1, 53–57 (1941).

RADO, S.: Welthandbuch. – Corvina-Verl., Budapest 1962.

SCHWIND, M.: Die Staaten und Länder der Erde. Lexikon für Geographie und Gegenwartskunde. – H. Schroedel-Verl., Berlin – Hannover – Darmstadt 1959.

SEYDEWITZ, H., O. BRANDEL u. a.: Länder der Erde. Politisch-ökonomisches Handbuch. – 3. Aufl., Verl. Die Wirtschaft, Berlin 1962.

STILLE, H.: Die tektonische Entwicklung der hinterindischen Festlands- und Inselgebiete. – Geotekt. Forsch., H. 7/8, 34–153, Berlin 1945.

The Mining Journal. Annual Review, London 1961, 1962 u. 1963.

Gesteins- und Mineralanalytik

19. Treffen des Fachverbandes Mineralogie der Geologischen Gesellschaft in der DDR

THOMAS KAEMMEL & HANS GRASSMANN, Berlin

Der Fachverband Mineralogie und das Zentrale Geologische Institut veranstalteten am 19. und 20. Juni 1964 in Berlin eine Arbeitstagung über neue und herkömmliche Methoden in der Mineral- und Gesteinsanalytik. Die Tagung hatte das Ziel, die beim täglichen Umgang mit den in der DDR benutzten — größtenteils auch in der DDR hergestellten — Geräten gewonnenen Erfahrungen auszutauschen und die Analyse stabiler Isotope als neue Methode im Geosektor vorzustellen. Methoden ohne Anwendung der Massenspektrometrie galt dabei das besondere Interesse. Im Zentralen Geologischen Institut wurde das röntgenspektrometrische Labor besichtigt und im Institut für angewandte Silikatforschung das spektralanalytische Labor.

Die zunehmende Bedeutung der Analytik im Geosektor geht aus der ständig steigenden Anzahl analytischer Bestimmungen an natürlichen Produkten hervor. Im Zentralen Geologischen Institut z. B. wurden im Jahre 1963 rund 70000 spektralanalytische und chemische Elementsbestimmungen ausgeführt.

Zur Begrüßung nahmen der Vorsitzende der Geologischen Gesellschaft in der DDR, Prof. Dr. LAUTERBACH, der Leiter des Fachverbandes Mineralogie, Prof. Dr. RÖSLER, sowie Dr. KAEMMEL und Dr. GRASSMANN das Wort.

Es wurden folgende Vorträge gehalten:

E. FISCHER, Berlin: „Einiges Grundsätzliche zur quantitativen Halbmikroanalyse von Mineralien"

Der Vortragende wies zunächst auf die zu empfehlenden Standardwerke hin:

FRIEDRICH HECHT & JULIUS DONAU: Anorganische Mikrogewichtsanalyse. — Wien 1940, Verlag Julius Springer.

JOSEF MIKA: Die exakten Methoden der Mikromaßanalyse. — Stuttgart 1939, Verlag Ferdinand Enke.

BRUNO LANGE: Kolorimetrische Analyse. — Berlin 1944, Verlag Chemie.

Anschließend hob er folgende Besonderheiten, die zu beachten sind, hervor: Vor Beginn der Analyse vergewissere man sich, daß einheitliches Material vorliegt. Ferner mache man eine Dichtebestimmung und stelle die Gitterkonstanten fest, so daß man den Inhalt der Elementarzelle berechnen kann. Es ist dann nach Ausführung der Analyse möglich, auf Grund des Molekulargewichts die Zahl N der Formeleinheiten, die in der Elementarzelle enthalten sind, zu ermitteln. N muß eine (nahezu) ganze Zahl sein, die mit der Symmetrie des Minerals verträglich ist. Kann man die Analyse wegen zu geringfügiger Materialmenge (10—30 mg) nur einmal ausführen, so überzeuge man sich vor Beginn der Analyse durch Untersuchung von Modellösungen entsprechender Zusammensetzung von der Brauchbarkeit der anzuwendenden Trennungs- und Bestimmungsmethoden. Bei Gewichtsanalysen arbeite man grundsätzlich mit Taragefäßen. Bei maßanalytischen Bestimmungen erweisen sich Wägebüretten als zweckmäßig. Kolorimetrische Bestimmungen verwende man nur für geringfügige Bestandteile.

E. HINTZSCHE, Schkopau: Photometrische Kupferbestimmung in anorganischen Substanzen

Die analytische Bestimmung des Kupfers wird in vielen Zweigen der Technik von geringsten Spuren in Silikaten bis zu 99% in Reinkupfer durchgeführt. Bei Spurenanalysen mittels Photometrie werden Reagenzien für Farbreaktionen mit dem Kupfer-Ion verwendet. Die gebräuchlichen Reagenzien, wie Dithizon, Dichinolyl und Natr.-diäthyldithiocarbamat erfordern die Methode der Flüssig-flüssig-Extraktion unter Verwendung eines organischen Lösungsmittels.

Ein Reagenz, welches eine große Empfindlichkeit, eine hohe Selektivität aufweist und die Bildung eines wasserlöslichen Kupferkomplexes ermöglicht, ist Bis-cyclohexanonoxalyldihydrazon (BCO). Es wird ein blauer Cu—BCO-Komplex gebildet, der 2—800 µg Cu/100 ml erfaßt. Die Leistungsfähigkeit der BCO-Methode wurde durch die Analyse des Cu-Gehaltes organischer und anorganischer Proben, einschließlich Mineralien, überprüft. Es wurden Gehalte von 10^{-4} bis 85% Cu analysiert. Die Methode ist zeitsparend, billig und mit einfachen Hilfsmitteln auch außerhalb des Labors durchführbar. Durch die erzielbare Genauigkeit ersetzt sie alle anderen Methoden der Kupferbestimmung in Mineralien, wie Flammenphotometrie und Polarographie. Für die Herstellung des BCO wurde eine leicht durchführbare Methode entwickelt.

R. LAUTERBACH, Leipzig: Gammaspektrometrie geringaktiver natürlicher Gesteine und Böden

Ergebnisse gammaspektrometrischer Untersuchungen natürlicher Gesteine sind bereits publiziert worden. Sie wurden mit großen Gesteinsproben (mehrere kg) gewonnen oder direkt über dem Anstehenden bzw. an Gesteinen stark erhöhter Aktivität. Außerdem war ein großer apparativer Aufwand erforderlich. Infolgedessen liegen nur vereinzelte Resultate vor, die keinen Überblick über die Brauchbarkeit des Verfahrens für die geologische Erkundung erlauben.

Im Zuge einer längeren Versuchsreihe glückte es, gut reproduzierbare und sehr ausdrucksvolle Gammaspektrogramme mit einem Einkanalanalysator zu erhalten, wobei nunmehr nur noch 300 g Gesteinsmaterial ohne erhöhte Radioaktivität (halbes Handstück, das nicht zerstört wird) minimal benötigt wird. Damit wurde es möglich, Sammlungsmaterial zum Gegenstand regionaler Untersuchungen zu machen.

Es zeigten sich kennzeichnende Besonderheiten in der U/Ra-, Th- und K-Variation, die mit einem Ausschnitt mittlerer Energie des Spektrums (MsTh2 bei 0,91 und 0,97 MeV; RaC' bei 1,12 MeV; ^{40}K bei 1,46 MeV) besonders gut und rasch zu erfassen sind. Basalte z. B. und Diabase sind durch verschiedene Streuung in der Intensität der Gammaspektren unterschieden, ultrabasische Gesteine charakterisiert vielfach eine relativ hohe MsTh2-Linie. Saure Magmatite besitzen hohen ^{40}K-, z. T. auch Ra- und Th-Gehalt. Teilweise ist es möglich, metamorphe Gesteine durch Gammaspektrenvergleich hinsichtlich ihrer Ausgangsgesteine zu interpretieren. Dies gilt auch für archäologische Keramik bezüglich der Verwandtschaft mit anderen Funden bzw. Rohstoffentnahmepunkten.

Qualitativ läßt sich das Alter der Gesteine innerhalb von Faziesreihen an Hand des ^{40}K-Zerfalls verfolgen.

Gammaspektren von Erdöl, Begleitgesteinen und von Bodenproben über und neben Lagerstätten zeigen, daß tatsächlich Ra-Anomalien mit Kohlenwasserstofflagerstätten zusammenhängen. Die Aussicht integraler Gammamessungen über Tage als Prospektionshilfsmittel auf Erdöl — Erdgas läßt sich mittels einiger Gammaspektren vorher gut beurteilen (insbesondere bezüglich störender Th- und ^{40}K-Variation).

Mit Hilfe von Gammaspektren läßt sich ferner magmatische Differentiation verfolgen, lassen sich Kontakthöfe untersuchen und genetisch gliedern und werden Hinweise zur Erkennung magmatischen Stoffes aus der tiefen Kruste und dem oberen Mantel erhalten usw.

In der Diskussion sprachen u. a. Prof. DRESCHER-KADEN und Prof. RÖSLER. Es wurde auf die mögliche Bedeutung der festgestellten Variationen des ^{40}K für die absolute Altersbestimmung nach der K—Ar-Methode hingewiesen.

G. MEIER & G. MÜLLER, Leipzig: Isotopenanalyse mit dem Ultrarotabsorptionsschreiber

Kommerzielle Ultrarotabsorptionsmeßgeräte, mit denen in der chemischen Industrie Gasanalysen ausgeführt werden, gibt es schon seit 1940 (teilweise unter dem ges. gesch. Namen URAS). Im Jahre 1952 entdeckte J. C. KLUYVER in Holland, daß man mit diesem einfachen Gerät auch Isotopenanalysen durchführen kann, und meldete diese Methode zum Patent an.

Das Ultrarotabsorptionsmeßgerät besteht aus zwei gleichen IR-Strahlungsquellen (elektrisch geheizte Chrom-Nickel-Wendeln), zwei Analysenzellen für eine Vergleichsprobe und eine Meßprobe sowie einem selektiven Strahlungsempfänger, der Unterschiede der Lichtintensität in elektrische Signale umwandelt.

Handelt es sich beispielsweise um eine ^{12}C/^{13}C-Analyse in CO_2, so tritt das durch eine rotierende Unterbrecherscheibe in beiden Strahlengängen gleichphasig modulierte Licht (6,25 Hz) durch die beiden bei gleichem Druck mit CO_2 gefüllten Analysenzellen. Dort wird es entsprechend dem ^{13}C-Gehalt der Standard- und Meßprobe durch Absorption der $^{13}CO_2$-Moleküle verschieden stark geschwächt und trifft mit einem dieser Absorption entsprechenden Intensitätsunterschied auf die beiden Absorptionskammern des Strahlungsempfängers. Dieser ist im Idealfall mit reinem $^{13}CO_2$ gefüllt und wandelt nur das Licht, das von $^{13}CO_2$ absorbiert wird, in Wärme um. Es genügt jedoch auch CO_2 mit etwa 50 Atom-% ^{13}C. Durch die Modulation des Lichtstrahls entstehen in den beiden Kammern kurzzeitig unterschiedliche Druckerhöhungen, welche die die beiden Kammern trennende Membran eines Membrankondensators in Schwingung versetzen. Dadurch werden Kapazitätsschwankungen des Membrankondensators verursacht, die wie bei einem Kondensatormikrophon in Wechselspannung verwandelt werden. Diese wird nach linearer Verstärkung und Gleichrichtung gemessen. Die Amplitude der Schwingungen und demzufolge das elektrische Signal sind ein Maß für die unterschiedliche Lichtabsorption und somit für den Unterschied der ^{13}C-Häufigkeit in Vergleichszelle und Analysenzelle. Um langsame Druckänderungen in den beiden Kammern des Detektors auszugleichen, sind diese über eine Kapillare miteinander verbunden, die für die schnellen Druckschwankungen einen hohen Widerstand darstellt. Nach entsprechender Eichung des Geräts mit Proben bekannter Isotopenzusammensetzung ist es möglich, die Isotopenhäufigkeit von ^{13}C auch im Bereich natürlicher Häufigkeiten mit einer Genauigkeit bis zu 0,2% relativ anzugeben. Diese Genauigkeit reicht im allgemeinen aus, um natürliche ^{13}C-Variationen bei geologischen Proben zu untersuchen.

Für eine Analyse ist eine Gasmenge von ca. 50 cm³ (unter Normalbedingungen) erforderlich. Es werden etwa 30 bis 40 Minuten benötigt.

Der Anschaffungspreis für ein solches Gerät liegt bei 4000,— bis 5000,— MDN. Ultrarot-Absorptionsmeßgeräte werden in der DDR von der Firma E. Zimmermann, Leipzig, und VEB Junkalor, Dessau, hergestellt. In der chemischen Industrie werden sie meist als Durchflußgeräte eingesetzt. Für die Isotopenanalyse muß daher eine Gaseinlaßapparatur angefertigt werden, was ohne großen Aufwand von jedem Institutsglasbläser, gegebenenfalls von einem geschickten Laboranten, ausgeführt werden kann.

Prinzipiell lassen sich mit dieser Methode nur Gase untersuchen, die infrarotaktiv sind, z. B. CO_2, CO (für ^{13}C oder ^{18}O), N_2O, NO_2, NH_3 (für ^{15}N) und CH_4 (für D).

Wenn die Detektorgase keine reinen isotopen Verbindungen sind, lassen sich nur die Isotopenhäufigkeiten von binären Isotopengemischen exakt messen.

Bei Gemischen mit mehr als zwei isotopen Komponenten ist es wie etwa bei der Densimetrie des Wassers nötig, die Meßproben vorher bezüglich der Häufigkeit bestimmter Isotope zu normalisieren oder rechnerisch Relationen zwischen den Variationen der einzelnen Isotope zu finden und die Ergebnisse zu korrigieren. Letzteres ist bei natürlichen Variationen nichtradiogenen Ursprungs leicht möglich. Für die Messung der natürlichen Variationen der Schwefelisotope dürfte sich die Methode auch eignen, wenn man SO_2 als Meßgas verwendet und die Häufigkeitsänderung von ^{34}S mißt. Als Detektorgas würde hier $^{34}SO_2$ mit etwa 50 Atom-% ^{34}S genügen. Eine gleichzeitige Messung der natürlichen Variationen aller Schwefelisotope ist jedoch mit dieser einfachen Anordnung nicht möglich.

D. HARZER, Freiberg: Zur Methodik der Sauerstoff-Isotopenuntersuchung bei geologischen Problemen

Isotopengeologische Untersuchungen haben in den letzten Jahren ständig an Bedeutung gewonnen. Dabei wurde für viele Zwecke eine höhere Genauigkeit der Bestimmung der relativen Isotopenhäufigkeiten erforderlich. Am genauesten können diese mit Hilfe massenspektrometrischer Messungen ermittelt werden. Für die massenspektrometrische Isotopenanalyse des Sauerstoffs von Silikaten, Karbonaten, Sulfaten und Oxyden werden die wichtigsten Methoden der Probenvorbereitung kurz besprochen. An Hand eigener Untersuchungen werden eine Variante der sogenannten Kohlenstoff-Reduktionsmethode und ihre Anwendung auf Sauerstoff-Isotopenbestimmungen an Sulfaten näher erläutert.

H. J. RÖSLER & H. THIERGÄRTNER, Freiberg (Sa.): Die Genauigkeit von Silikatanalysen

Im allgemeinen werden chemische Vollanalysen von Gesteinen durchgeführt, um deren petrochemische und genetische Stellung zu charakterisieren. Es wird diskutiert, welche Anforderungen von geochemischer Seite an die analytischen Verfahren gestellt werden und was sie zu leisten imstande sind. An Beispielen wird gezeigt, inwieweit hier Übereinstimmung besteht und welche Schlußfolgerungen zu ziehen sind.

H. GRASSMANN, Berlin: Die Gesteinsstandardproben des Zentralen Geologischen Instituts und der Stand ihrer Bearbeitung

Standardproben sind auf allen Gebieten der Materialuntersuchung ein wichtiges Arbeitsmittel. Mit ihrer Hilfe ist es möglich, die Ergebnisse von Untersuchungen vergleichend zu beurteilen und innerhalb der einzelnen Laboratorien Methoden und Qualität der Untersuchungsarbeit zu überprüfen. In der Geochemie sind bisher nur zwei in den USA hergestellte Gesteinsstandards bekannt geworden. Da diese nahezu vergriffen und schwer erhältlich sind, wurde im Zentralen Geologischen Institut beschlossen, solche Proben in größerer Menge herzustellen und dabei den Bedarf der befreundeten Länder mit zu berücksichtigen. Von 4 Gesteinstypen (Granit, Basalt, Tonschiefer, Kalkstein) sind je 200—400 kg Feinpulver hergestellt und eingehend auf Homogenität untersucht worden. Für die Mitarbeit an der umfassenden Analysierung wurde eine Reihe ausländischer Institute gewonnen. Diese Arbeiten sind noch in vollem Gange.

E. WOHLMANN, Berlin: Das Problem der Eisen(II)-Bestimmung in Gesteinen

Die Bestimmung zweiwertigen Eisens bietet im allgemeinen keine Schwierigkeiten. Bei dieser Bestimmung in Gesteinen treten jedoch bereits bei der Probenvorbereitung Schwierigkeiten auf. Eine weitere Fehlermöglichkeit birgt die unterschiedliche Aufschließbarkeit der Gesteine in sich. Abgesehen hiervon macht die Bestimmung zweiwertigen Eisens in kristallinen Gesteinen im allgemeinen keine Schwierigkeiten. Komplikationen ergeben sich aber, wenn ein Gestein lösliche Sulfide, organische Substanz oder beides enthält. Eine genaue FeO-Bestimmung nach der klassischen Methode ist dann nicht möglich. Die Wechselwirkungen zwischen Eisen(II), Sulfid und organischer Substanz erlauben nur die Ermittlung des nach dem Aufschluß vorliegenden FeO. Um dieses sekundäre FeO bestimmen zu können, wurden verschiedene Verfahren auf ihre Brauchbarkeit untersucht.

L. ROST: Die lösungsspektralanalytische Bestimmung von Gesteinshauptkomponenten

Eine Schwierigkeit bei der spektralanalytischen Bestimmung hoher Gehalte besteht darin, daß die innerhalb einer Eichreihe auftretenden relativen Gehaltsänderungen nur gering sind. An Hand von einfachen Überlegungen wird erläutert, daß sich demzufolge vergleichsweise steile Eichkurven ergeben. Ausgehend von dieser Tatsache lassen sich bestimmte Genauigkeitsforderungen an die Analysenmethode stellen. Am Beispiel der Lösungsspektralanalyse mit Kohleradelektroden wird gezeigt, daß dieses Verfahren in Verbindung mit lichtelektrischer Spektrenregistrierung den Genauigkeitsansprüchen weitgehend genügt. Einzelheiten sowie Vor- und Nachteile der Methode werden diskutiert und durch Messungen belegt. Weitere Untersuchungen zu diesem Problem sind noch im Gange.

G. DÜMECKE & J. WIEGMANN, Berlin: Über ein Verfahren zur flammenphotometrischen Schnellbestimmung von Natrium und Kalium

Es wird ein Schnellverfahren zur flammenphotometrischen Na- und K-Bestimmung beschrieben, das vor allem für die Untersuchung von Proben mit hohen Aluminium- und/oder Siliziumgehalten geeignet ist. Der Vorteil der Arbeitsweise liegt in der Anwendung eines Schnellaufschlußverfahrens, das sich bereits bei spektralanalytischen Untersuchungen bewährt hat. Der hergestellte Schmelzkuchen läßt sich leicht zerkleinern und in verdünnter Salpetersäure lösen. Bei Einhaltung eines bestimmten pH-Wertes bleibt auch bei hohen SiO_2-Gehalten die Kieselsäure kolloidal in Lösung. Die physikalischen Eigenschaften dieser Lösung werden in erster Linie durch die in großer Menge zugesetzten Aufschlußmittel festgelegt. Eine Anregungsbeeinflussung in der Flamme tritt infolge der Pufferung des Ionisationsgleichgewichtes durch den als Aufschlußmittel verwendeten Lithiumzusatz kaum auf. Auch die Querempfindlichkeit wird durch die starke Verdünnung des Ausgangsmaterials weitgehend vermindert. Das Verfahren wurde für eine Alkalibestimmung im Konzentrationsbereich von 0,05 bis 10% angewandt. Der relative Fehler der Bestimmung liegt bei $\pm 5\%$.

D. RÜHLICKE & H. SCHULZE, Freiberg (Sa.): Methodische Hinweise zur flammenphotometrischen Bestimmung der Elemente Sr, Ca, Na und K mit einer geeigneten Gerätekombination

Es werden Ergebnisse und Erfahrungen mitgeteilt, die bei der flammenphotometrischen Analyse mit einer aus Zerstäuberbrenner, Spiegelmonochromator und Sekundärelektronenvervielfacher bestehenden Gerätekombination gewonnen wurden. Als praktische Beispiele werden die Bestimmungen von Sr und Ca im Baryt sowie Na und K in silikatischen Proben unter Berücksichtigung verschiedener Versuchsparameter sowie der Querempfindlichkeit durch die bei der Analyse komplexer Lösungen vorhandenen Elemente diskutiert (siehe auch „Bergakademie" 13, S. 505, 1961).

W. HÖDT, Berlin: Untersuchung über den Einfluß des Aufschlußverfahrens auf die Alkalienbestimmung mit dem Flammenphotometer von Zeiss

Um den Anforderungen an Schnelligkeit und Genauigkeit gerecht zu werden, muß der Einfluß des Aufschlusses und der die Alkalien begleitenden Elemente auf die flammenphotometrische Messung untersucht werden. Es werden die Ergebnisse von flammenphotometrischen Bestimmungen nach dem BERZELIUS- und dem LAWRENCE & SMITH-Aufschluß gegenübergestellt. Der Zeitaufwand bei beiden Aufschlußverfahren ist etwa gleich; allerdings ist die Genauigkeit bei LAWRENCE & SMITH besser. Weiterhin werden neuere Arbeiten aus der Literatur, wie z. B. „Universalvorschrift zur Bestimmung von Alkalien" nach SCHUHKNECHT & SCHINKEL („Z. anal. Chem.", 194, 1963) überprüft und diskutiert. Das bei uns vorzugsweise angewandte „Kurzverfahren" von WOHLMANN dient als Vergleichsverfahren und wird eingehend erläutert.

In der Diskussion bemerkte Dr. GRASSMANN: „Es gibt eine ganze Reihe von Varianten der flammenphotometrischen Alkalibestimmung mit verschiedener Zielsetzung. Das zuletzt behandelte (nach WOHLMANN) erlaubt auch die Bestimmung des in geologischem Material oft interessierenden Lithiums."

H. UNGETHÜM, Berlin: Theorie und Möglichkeiten der Bestimmung des Redoxpotentials

Nach kurzen allgemeinen Bemerkungen über Anwendungsgebiete von Potential—pH-Beziehungen werden in begrenztem Umfang die erforderlichen thermochemischen Grundlagen zur Konstruktion von Potential—pH-Diagrammen entwickelt. Am Beispiel des Systems Schwefel—Wasser wird die praktische Durchführung der Konstruktion von Eh—pH-Diagrammen erläutert. An Hand weiterer Diagramme werden dort auftretende Besonderheiten diskutiert. Abschließend wird auf die Möglichkeiten zur praktischen Bestimmung des Eh—pH-Wertes eingegangen.

Diskussion: Dr. KAEMMEL über geologische Probleme, Dr. ARENDT über analytische Probleme.

G. TISCHENDORF, Berlin: Anwendung der Gesetzmäßigkeiten von Redoxprozessen in der geologischen Praxis

Im Verlaufe des letzten Jahrzehnts wurde in zunehmendem Maße auf die Bedeutung des physikochemischen Milieus (Redoxpotential und pH-Wert) einer Lösung für die Mineralbildung hingewiesen.

Ausgehend von Eh—pH-Diagrammen verschiedener Systeme, wird auf die Anwendung dieser Gesetzmäßigkeiten in der Lagerstättensuche und Lagerstättenforschung aufmerksam gemacht. An Hand einiger Beispiele soll der Einfluß der Parameter Eh und pH auf die Mineralbildung und Elementverteilung gezeigt werden. Es wird kurz auf die Redoxbedingungen bei der Bildung sedimentärer Eisen-, Uran- und Buntmetallagerstätten sowie der Systeme $PbS-BaSO_4$ und Sulfide—Selenide eingegangen.

Theoretische Grundlagen der Bemusterung von Lagerstätten fester mineralischer Rohstoffe[1)]

FRIEDRICH STAMMBERGER, Berlin

Akademie-Verlag, Berlin — Schriftenreihe des praktischen Geologen, Bd. 9; mit 36 Tab. und 60 Abb., etwa 250 S.

Die geologische Erkundung ist der volkswirtschaftlich wichtigste Zweig der geologischen Wissenschaften. Bemerkenswert sind ihr geologisch-ökonomischer Charakter und die Besonderheit, an der Lösung konkreter volkswirtschaftlicher Aufgaben zu arbeiten. Ihre Hauptaufgabe ist es, Lagerstätten aufzufinden und ihre Vorräte zu ermitteln.

Als Mineralvorrat bezeichnen wir eine Mineralkonzentration bestimmten Umfanges (Menge) und definierter Qualität (Gehalte, Mächtigkeit u. a.), die der modernen Technik erschließbar ist (Abbau- und Verarbeitungsmöglichkeiten) und zu ihrer Nutzbarmachung ökonomisch vertretbaren Aufwand erfordert. Der Mineralvorrat ist folglich ein quantitativ und qualitativ definierter Begriff.

Gegenwärtig sind die Ansprüche der Industrie an mineralische Rohstoffe sehr exakt festgelegt. Der Erkundungsgeologe kann seinem Auftraggeber nicht einmal eine einfache Kieslagerstätte als erkundet übergeben, wenn er die Rohstoffqualität nicht untersucht, d. h. die Lagerstättenvorräte nicht bemustert hat.

In der deutschen geologischen Fachliteratur wurde die Theorie der Bemusterung bisher noch nicht umfassend behandelt. Die 1931 erstmalig in Deutschland herausgegebenen halboffiziösen Richtlinien zur Probenahme, detaillierte Arbeiten zur Analyse der Metalle und anderer Rohstoffe in späteren Jahren, interessante Veröffentlichungen zur Bemusterung von Massengütern auf mathematisch-statistischer Grundlage in jüngerer Zeit, all das kann die Feststellung nicht abschwächen, daß die Hauptstraße der Entwicklung auf diesem Gebiet leider nicht durch Deutschland führt.

Nur selten und nur mit oft jahrzehntelanger Verspätung wurde bei uns an ausländische Pionierarbeiten (z. B. eines BRUNTON) angeknüpft. Und selbst diese wenigen Veröffentlichungen (z. B. V. SAMTNER 1908, J. E. BARNITZKE 1930) fanden kaum das ihnen gebührende Echo.

Die geologische Erkundung hat sich bei uns in den letzten Jahren — theoretisch und praktisch — auf einzelnen Teilgebieten erfreulich gut entwickelt. Um so peinlicher wirkt deshalb jedes Zurückbleiben auf dem Gebiete der Bemusterung. Bei uns werden gegenwärtig beträchtliche Mittel für die Suche und Erkundung von Lagerstätten ausgegeben. Ohne exakte Bemusterung des in der Lagerstätte enthaltenen Rohstoffes wird diese Arbeit entwertet.

Die vorliegende Arbeit soll den geologischen Erkunder befähigen, die erforderlichen Bemusterungsarbeiten so zu organisieren und durchzuführen, daß mit geringstem Aufwand das bestmögliche Ergebnis erhalten wird. Sie soll zum Nachdenken über die eigene Arbeit anregen und Helfer bei der Ausarbeitung von Bemusterungsplänen in der Praxis sein.

In diesem Buch sind keine Rezepte oder Anweisungen enthalten, nach denen die Bemusterung einer bestimmten Lagerstätte durchgeführt werden könnte. Wer Rezepte sucht, wird enttäuscht sein. Auch das rein Technische der Bemusterung oder Spezialfragen, die sich aus den Besonderheiten des mineralischen Rohstoffes und seiner Verwendung ergeben, werden kaum gestreift. Zu diesen Themen wurde bisher in Deutschland noch am meisten veröffentlicht.

Hier sollen vor allem die Grundfragen der Bemusterung behandelt werden: Wie oft und wieviel Material muß bei der Probenahme aus dem Anstehenden entnommen werden; wie, wie oft und auf wieviel kann das Ausgangsmaterial der Probe verjüngt werden; wie muß die Kontrolle der Bemusterung durchgeführt werden, und wie muß der Durchschnittsparameter aus den Bemusterungsergebnissen richtig berechnet werden?

Die Vielfalt der Lagerstätten und ihre Besonderheiten machen es unmöglich, Allgemeingültiges anders als allgemein zu formulieren. Doch dieses Allgemeingültige ist so wesent-

[1)] Mit Erlaubnis des Verfassers veröffentlichen wir als Vorabdruck das Vorwort dieses Buches, das Ende 1964 im Buchhandel erhältlich sein wird. D. R.

lich und für den Arbeitsablauf bei der Bemusterung jeder Lagerstätte so bestimmend, daß es bei der Untersuchung jeder Lagerstätte berücksichtigt werden muß.

Verf. vertritt seit Jahren den Standpunkt, daß keine wichtige Frage der geologischen Erkundung richtig entschieden werden kann, wenn nicht vom Charakter der Veränderlichkeit der Lagerstättenparameter ausgegangen wird. Auf diesen Gedanken baut auch die vorliegende Arbeit auf. Der Leser hat die Möglichkeit, selbst zu beurteilen, ob dieses Prinzip richtig ist.

Bei der Darlegung der Hauptprobleme und ihrer Theorie war der Verf. bemüht, sich auf die wichtigsten Faktoren zu konzentrieren, kompliziertere Ableitungen und Beweise zu vermeiden, d. h., ohne Verflachung der Probleme allgemeinverständlich zu bleiben.

Die Absicht des Verfassers, dem Geologen die theoretischen Grundlagen für Eigenentscheidungen in der praktischen Arbeit zu geben, konnte nur verwirklicht werden, wenn, von den klassischen Arbeiten eines VEZIN und BRUNTON ausgegangen, ihre Weiterentwicklung bei anglo-amerikanischen und sowjetischen Fachleuten wie RICHARDS, DETMOND, HALFERDAHL, READ, TSCHETSCHOTT, TRUSCOTT, BARYSCHEW, POSHARIZKIJ, KALLISTOW, SICHEL, KRIGE u. a. erläutert und versucht wurde, Bleibendes vom Zufälligen zu trennen und den theoretischen Grundbestand nach einheitlichem Gesichtspunkt zu ordnen. Der kritischen Analyse vorliegender Arbeiten mußte deshalb der erforderliche Raum zugestanden werden.

Auf dem Gebiete der Bemusterung wurden von Geologen zuerst mathematisch-statistische Auswertungen und Bearbeitungen durchgeführt, noch vor deren Einbürgerung in Mineralogie, Petrographie u. a. geologische Wissenschaften. In den letzten Jahren hat sich diese Arbeitsrichtung in kaum geahnter Weise verbreitet und entwickelt. Die insbesondere aus südafrikanischen Goldgruben bekannt gewordenen Untersuchungen überraschen durch ihr hohes mathematisches Niveau und ihre praktischen Schlußfolgerungen. Sie verdienen größte Beachtung der deutschen Geologen.

Bei aller Hochachtung vor diesen progressiven Ideen und Arbeiten kann jedoch das Bedauern darüber nicht verschwiegen werden, daß eine gewisse, durch Überliefertes verursachte Befangenheit Verf. bisher gehindert hat, aus den beachtlichen neuen Erkenntnissen theoretisch zwangsläufige Schlußfolgerungen zu ziehen.

Obwohl die vorgelegte Arbeit die theoretischen Grundlagen der Bemusterung behandelt, wendet sie sich unmittelbar an den praktischen Geologen. Wenn das Buch seinen Leser zur schöpferischen Mitarbeit anregt und dazu beiträgt, bei uns auch auf dem „prosaischen und handwerklichen" Gebiet der Bemusterung neue Ideen zum Wirken zu bringen und dieses Gebiet wissenschaftlich zu durchdringen, wäre das gestellte Ziel weitgehend erreicht.

Besprechungen und Referate

Allunionsseminar zur Ausarbeitung direkter Methoden der Erdöl- und Erdgaserkundung

„Geologija nefti i gasa", Nr. 7, S. 55–57, Verlag Gostoptechisdat, Moskau 1963

35 Organisationen, davon 10 wissenschaftliche Forschungsinstitute, nahmen an einem Seminar über direkte Methoden der Erdöl- und Erdgaserkundung teil, das im April 1963 in Wolgograd stattfand. Die insgesamt 34 Vorträge und die 32 Diskussionsbeiträge bestätigen die Wichtigkeit der Ausarbeitung solcher Methoden. Es handelt sich dabei vor allem um geochemische und radiometrische. Auf diesen Gebieten sind in den letzten Jahren die größten Fortschritte zu verzeichnen gewesen. So stehen jetzt äußerst genaue Gasanalysatoren, neuentwickelte Chromatographen u. a. Geräte zur Verfügung, die reale Perspektiven für die Anwendung direkter Erkundungsmethoden geschaffen haben.

In den Vorträgen wurden Fragen der Methodik, der technischen Durchführung und der komplexen Untersuchung für bestimmte Regionen behandelt.

Für die weitere Entwicklung geochemischer und radiometrischer Methoden wurden folgende Hauptrichtungen vorgeschlagen:

1. Untersuchung des Mechanismus und der Maßstäbe der Migration von Kohlenwasserstoffgasen von der Lagerstätte bis zur Erdoberfläche.
2. Detaillierte Untersuchung der Gaszusammensetzung in den oberen Schichten der Erdöl- und Erdgasgebiete zur Anteilbestimmung der Gaskomponenten über den Lagerstätten.
3. Erarbeiten einer Klassifikation geochemischer Anomalien und der Kriterien zum Unterscheiden der Scheinanomalien von echten.
4. Bestimmung minimaler Mächtigkeiten (regional!), die durchdrungen werden müssen, ehe direkte Methoden zuverlässig werden.
5. Untersuchung physikalisch-chemischer, biochemischer und geochemischer Prozesse in Gesteinsschichten und der Einfluß migrierender Kohlenwasserstoffe auf diese.
6. Detaillierte Untersuchung von Gesetzmäßigkeiten der Verbreitung von Mikroorganismen, die Kohlenwasserstoffe und Wasserstoff oxydieren bzw. erzeugen, in allen Schichten und Klärung ihrer Rolle bei der Bildung geochemischer Anomalien. Aufstellung einer genetischen Verbindung von Stämmen bestimmter Mikrofloren in der Oberflächenzone von Erdöl- und Erdgaslagerstätten.
7. Untersuchung des Einflusses von Kohlenwasserstoffen, des hydrogeologischen Regimes, der Lithologie und der Stoffzusammensetzung der Gesteine auf die Verteilung der γ-Felder über einzelnen Stockwerken geologischer Profile.
8. Ausarbeiten der Methodik und der Komplexe von Feldarbeiten für direkte geochemische Erkundungsmethoden auf Erdöl und Erdgas.
9. Ausarbeiten neuer Meßgeräte, vor allem hochwertiger Gasanalysatoren, Ausrüstung für geochemische Stationen usw.

HANS-JÜRGEN KAMPS

Anonym

Das Buch vom Erdöl

Verl. Reuter & Klöckner, Hamburg 1963, 544 S., 61 Abb., 59 Taf., 18 Tab. und Statistiken im Anhang

Dieses Buch, herausgegeben von der „BP"-Benzin und Petroleum AG, Hamburg, entstand durch Überarbeitung und Vervollständigung des englischen Originals „Our Industry". Es stellt, wie die Unterschrift besagt, eine Einführung in die Erdölindustrie dar und betont somit gegenüber anderen thematisch ähnlichen Publikationen die industrielle Entwicklung und den industriellen Aufbau des Erdölsektors in der Weltwirtschaft.

Deshalb beschränken sich die Ausführungen über Entstehung, Lagerung und Gewinnung von Erdöl und Erdgas auf die ersten 4 Kapitel. Ihnen stehen weitere 18 gegenüber, in denen Fragen der Verwertung, des Transports, der Lagerung, der Qualitätsmessungen und der Mineralölforschung behandelt werden.

Dieses umfassende Wissensgebiet, das mit großem Geschick auf den Umfang dieses handlichen Buches beschränkt wurde, wird in drei Teile aufgegliedert:

1. Förderung, Verarbeitung und Verteilung von Erdöl,
2. Erdölprodukte und ihre Anwendung,
3. die Mineralölindustrie,

denen ein vierter Teil mit allgemeinen Informationen folgt. Er enthält ein Fachwörterverzeichnis, Statistiken und Tabellen.

Es ist unmöglich, im Rahmen dieser kurzen Besprechung auf Einzelheiten einzugehen, die in bemerkenswerter Präzision übersichtlich und klar formuliert dargeboten werden. Die textlichen Ausführungen werden durch eine große Zahl von Konstruktionszeichnungen und Skizzen unterbaut und durch viele einwandfreie und interessante Abbildungen aufgelockert.

So liegt in diesem Buch ein Werk vor, das jeder Fachmann und Interessent dringend benötigt, der große Zusammenhänge der Erdölindustrie überschauen und sich über den Stand der modernen Technik und Organisation orientieren will.

K. KAUTER

LAUGA, F. & I. CASIAN

Experimentelle Untersuchungen über Abdrücke des Porenraumes von Speichergesteinen aus Erdöllagerstätten der VR Rumänien

„Petrol şi Gaze", Bukarest 1963, Jg. 14, 12, S. 598—602, 8 Taf.

Aus 30 Lagerstätten wurden 78 Kerne unter Vakuum mit Phenolaldehyd-Harzen sehr geringer Viskosität getränkt, die bei 85°C in 24 Stunden polymerisieren. Das Gerüst wurde mit entsprechenden Säuren weggelöst. Der auf diese Weise erhaltene Schwamm stellt den Porenraum dar. Die Untersuchung durch Mikrofotos ermöglichte die Klassifizierung in a) siebartig, b) schwammig und c) dentritisch. Die physikalischen Gesteinseigenschaften werden durch die Porenstruktur entscheidend beeinflußt. R. MEINHOLD

MAUSS, F.

Les combustibles liquides. Spécifications, réglementations, utilisations

„Collection pratique du pétrole", Éditions Technip, Paris 1960, Nr. 3, 207 S.

Dieses mit fast mehr Tabellen und Formeln als Text gefüllte Taschenbuch will dem Techniker, der die Verwendung der flüssigen Brennstoffe in allen Formen, Prozessen und Einrichtungen, dazu Transport, Speicherung, Sicherheitsmaßnahmen usw. zu betreuen hat, in knapper Fassung das nötige Wissen, die amtlichen Vorschriften und andere unerläßliche Informationen an die Hand geben und ihn über die Besonderheiten der Brennstoffe in den USA und einigen westeuropäischen Ländern unterrichten. Eine gute Mitgabe ist das Eingangskapitel über die Grundeinheiten, die Maßsysteme und ihre Umrechnungen. Es folgen Kapitel über die Charakteristik und die chemische Komposition der Brennstoffe und deren Spezifika in den einzelnen Ländern, ferner über Probenahme, Sicherheitsmaßnahmen bei Speicherung und Transport und schließlich über die Verbrennung selbst. H. HAVEMANN

BIZAL, R. B.

New caverns boost liquefied-gas storage capacity 10 $^1/_2$%

„The Oil and Gas Journal", Oktober 1963, S. 104—106, 108—112 und 115

Die Bilanz der letzten 10 Jahre ergibt eine Erhöhung der Speicherkapazität von 9000000 bbl auf 92713000 bbl. Gegenwärtig haben 68 Gesellschaften in 28 Staaten wenigstens 440 Anlagen in Betrieb. 32 Projekte mit einem Fassungsvermögen von insgesamt 5340000 bbl werden vorbereitet. Das sich daraus ergebende Gesamtvolumen von 98053000 bbl liegt 10,5% über dem des Vorjahres (88690000 bbl). Bei 23 der neuen Projekte werden die Hohlräume durch Auslaugung von Salzhorizonten geschaffen, in 9 Fällen werden sie durch anderweitige bergmännische Auffahrungsarbeiten eingerichtet. Die letzteren haben eine Gesamtkapazität von 2609000 bbl, vier dienen als Spitzenversorgungsanlagen, drei sind für petrochemische Betriebe, und zwei liegen an Rohrleitungsendstationen.

Der größte LP-Gas-Kavernenspeicher wird eine Kapazität von 800000 bbl besitzen. Die Anlage wird von der US Industrial Chemicals Co. in Douglas County, Illinois, eingerichtet.

Neben der herkömmlichen Speicherung von Flüssiggas (liquid petroleum gas-storage) werden in den USA Speicher für verflüssigtes Erdgas projektiert (Methan, LNG-storage). Diese neuartige Methode dient zum Bau von Speicheranlagen, die zur Abdeckung extremer Bedarfsspitzen eingesetzt werden können. Die erste Anlage dieser Art wird von der Transcontinental Gas Pipe Line Corp. in Bergen County, New Jersey, in Betrieb genommen. Der Speicherraum ist 165 ft tief und hat einen Durchmesser von 115 ft. Die Kapazität beträgt 294000 bbl. Das entspricht einem Äquivalent von 1000000 Mcf Erdgas, da die Verflüssigung eine Volumenreduzierung auf $^1/_{600}$ gegenüber der gasförmigen Phase bei Normaldruck ergibt. Die Lieferkapazität soll später 200000 Mcf/d betragen. Der Probebetrieb erfolgt 1964/1965. Das Verfahren der Tieftemperaturverflüssigung (bei minus 259° F) wurde 1961 von der Continental Oil Co. entwickelt. Das Vorrichten der Speicherschächte erfolgt nach dem Gefrierverfahren, die Kühltechnik wird beim späteren Betrieb beibehalten. In Pennyslvanien wird von den Philadelphia Gas Works ein aus vier Schächten bestehendes Objekt mit einer Kapazität von 1200000 bbl bis 1968 geplant.

Die Kosten belaufen sich auf 17,5 Millionen $. Es soll damit ein Komplex von LP-Gas-, Ölgas- und Wassergasanlagen ersetzt werden. Weitere Gesellschaften ziehen derartige Projekte in Erwägung. Für die Propan- und LP-Speicherung wird die Methode von der Phillips Petroleum Co., Utah, und der Imperial Oil Ltd. in Ontario (Kanada) angewandt.

Die Nutzung des Sahara-Erdgases führt zur Entwicklung der LNG-Speicherung in Algerien, Frankreich und England. Bei dem in der Nähe von Oran gelegenen algerischen Projekt mißt der Gefrierkörper 50 m im Durchmesser und ist 40 m tief, der Speicherschacht wird einen Durchmesser von 37 m haben. Der hermetische Abschluß erfolgt durch eine Aluminiumglocke, die bis zur Sohle geführt wird. Die Betriebsbedingungen der Anlage sind —165°C und 250 mm WS. Der französische Speicher befindet sich bei Le Havre, seine Kapazität wird mit 300000—400000 bbl angegeben.

In Europa haben ferner eine Reihe von LP-Gasspeichern den Betrieb aufgenommen bzw. stehen vor der Fertigstellung, und zwar in Belgien, Frankreich, England, Italien und Westdeutschland. Die Kapazität liegt bisher zwischen 50000—60000 bbl. Der Kavernenspeicher der DEA bei Heide (Butanspeicherung) soll auf das Doppelte vergrößert werden. W. LANGE

WECK, D.

Das Problem des Filterkuchens in Bohrungen

„Freiberger Forsch.-H.", C 155, Leipzig 1963. 84 S., 39 Bild., 7 Tab., MDN 5,40

Der Autor geht in seiner Abhandlung von den grundlegenden Begriffen und Gesetzen der Filtrationstheorie aus, nachdem einleitend die Aufgaben, Bedeutungen und Messungen der Spülungen kurz umrissen werden. Die Filtrationsgleichungen für Filterpressen und für den Filtrationsvorgang im Bohrloch werden zu theoretischen Betrachtungen herangezogen. Es wird ein innerer und äußerer Infiltrationsvorgang im Gestein unterschieden, da sich nach der Größe der Gesteinsporen auch noch im Gebirge eine Kruste bildet, an die sich dann die eigentliche Infiltrationszone anschließt, in der das Filtrat die Formationsflüssigkeit verdrängen kann.

Der Aufbau und die Eigenschaften des Filterkuchens wie Kompressibilität, Druckverhältnisse, Permeabilität und Porosität sowie die Veränderungen durch Druck und Temperatur werden untersucht. Auch die Zusammenhänge des Filterkuchens mit elektrischen Meßverfahren werden aufgeführt. Der Verfasser schließt diesen Ausführungen, die durch zahlreiche Literaturstellen belegt werden, einen Abschnitt über praktische Messungen zur Bestimmung der spezifischen Widerstände von Spülungen (Rm), Filtrat (Rmf) und Filterkuchen (Rmc) der Bohrspülungen aus Friedländer Ton mit verschiedenen Chemikalienzusätzen an.

Diese Messungen sind unbedingt erforderlich, da die vorhandenen tabellarischen Werte nur Mittelwerte darstellen und sich zur genauen Interpretation elektrischer Messungen laufend Widerstandsmessungen an den aus den Bohrlöchern entnommenen Spülungsproben unter höheren Temperaturen als notwendig erweisen.

Mittels eines elektromechanischen Verfahrens zur Bestimmung der Filterkuchendicke wird versucht, das bisherige ungenaue Abspülen der Kruste und anschließende Messen mit Dickenmesser zu ersetzen. Die Dickenmessung mit dem Lineal — nach einheitlicher Abspülung — weist aber nur einen durchschnittlichen Fehler von 0,7 mm gegenüber dem beschriebenen elektromechanischen Verfahren mit 1,2 mm auf.

Dieses Forschungsheft ist eine wertvolle Zusammenstellung über die Probleme des Filterkuchens in Bohrungen und kann für weitere Arbeiten auf diesem Gebiet als Grundlage dienen.

Die Arbeit verfügt über anschauliche Abbildungen und eine weitreichende Literaturzusammenstellung.

B. HEYNE

GRODDE, K. H.

Bohrspülungen und Zementschlämme in der Tiefbohrtechnik

Otto Vieth Verl., Hamburg 1963, 176 S., 6 Abb. u. Diagr., DM 24,—

Schon lange bestand eine große Nachfrage bei Spülungs- und Zementfachleuten nach einem deutschsprachigen Fachbuch. Der Verf. hat sich nun in dankenswerter Weise der großen Mühe unterzogen und aus der Vielzahl von Veröffentlichungen, Firmendruckschriften und anderen Materialien ein Nachschlagewerk nicht nur für den Spülungs- und Zementfachmann, sondern auch für den Bohrtechniker, Bohrmeister und für Studierende zusammengestellt. Wenn auch auf die Beschreibung der Meßgeräte und Meßverfahren weitestmöglich verzichtet wird, da diese Grundlagen bekannt sein dürften und in anderen Schriften und Bedienungsanleitungen erläutert werden, hat das Buch eine hervorragende Tabellen- und Zahlensammlung, die den Praktiker bei seiner ständigen Arbeit auf dem Bohrfeld unterstützen wird. Der Wert des Buches wird weiterhin dadurch unterstrichen, daß außer auf die neuesten Spülungs- und Zementchemikalien und Probleme auch auf die spezifischen geologischen Verhältnisse in Deutschland und ihre Auswirkungen auf die Bohrspülungen und Zementschlämme eingegangen wird. Durch den Abschnitt über die technischen Einrichtungen und ihre Handhabung werden auch die notwendigen Hilfsmittel für die Herstellung, Bearbeitung und Regenerierung der Spülung zusammengefaßt. Der Vorschlag für die Spülungseinrichtungen schwerer Bohranlagen führt in das Problem der modernen Spülungsaufbereitung ein. In kurzen Zügen werden Komplikationen erläutert, die beim Arbeiten auf diesen Gebieten auftreten.

Der 2. Teil des Buches ist klar gegenüber den Bohrspülungsteil abgegrenzt und befaßt sich mit den Aufgaben der Zementierung, Eigenschaften der Zementschlämme, Einsatz von Zementrohstoffen und Zuschlagstoffen sowie der Technik des Zementierens und der Prüfung von Zementationen. Vor allem die starke Betonung physikalischer Vorgänge während der Zementation ist sowohl für den Praktiker als auch für den Wissenschaftler von besonderem Wert, da durch diese Betrachtungsweise viele bisher gemachte Fehler aufgezeigt werden.

Empfehlenswert wäre eine Ausweitung der Thematik nicht nur auf kolloidchemische Grundprobleme, sondern auch auf spezielle Rezepturangaben und Diskussionen von Bohrfeldergebnissen und Materialverbrauchsnormen.

B. HEYNE

BRISAC, J., & C. REDERON

Pertes de circulation dans les formations du trias et moyens de les combattre

„Bull. assoc. franç. techniciens pétrole", Nr. 157 (1963), S. 57—78

Beim Niederbringen von Tiefbohrungen in Hassi Messaoud traten beim Durchteufen der Trias Schwierigkeiten durch Wassereinbrüche und Tonmänner auf. Beide Komplikationen erfordern ein höheres spez. Gewicht der Spülung, welches ein Fracen der tonigen und sandigen Schichten bewirkt. Durch Zementation ist die Gefahr nicht generell zu beseitigen. In der Arbeit werden die Spülungsverluste klassifiziert in Type I ohne teilweise Wiederkehr der eingepumpten Spülungsmenge und Type II mit teilweiser Rückkehr der Spülung. Zur Isolation der Verlustzonen müssen folgende Voraussetzungen erfüllt sein: Das Sperrmaterial muß in die Klüfte eindringen und bis zur Erhärtung unter einem gewissen Druck stehen, der größer ist als die beim Weiterbohren mögliche Depression. Das Sperrmaterial geht im Bohrloch den gleichen Weg wie die Spülung und verfüllt oft nur wenige Klüfte. Vor Beendigung des Einpumpens muß eine dünnflüssigere Mischung verwendet werden, um auch die kleinen, schmalen Klüfte zu verstopfen.

Im einfachen Fall wird zur Bekämpfung eine salzgeschädigte Spülung mit hoher Filtrationsrate sowie Zusätzen von Nußschalen und Gilsonit verwendet. In schwierigen Fällen gelingt eine Bekämpfung nur mit Zementgemischen. Verwendet werden verschiedene Gel-Zementmischungen. Gel-Zemente mit 5—15% Bentonit zeigen hohe thixotrope Eigenschaften, ein niedriges spez. Gewicht und geringe Festigkeiten, was meistens unerwünscht ist. Deshalb wird in vielen Fällen 1—1,5% Rylor S6 verwendet. Dabei ergeben sich verkürzte Abbindezeiten. Als Füllstoffe stehen zur Verfügung zerkleinerte Nußschalen, Gilsonit und plastisches Material.

Die Zementation wird als Druckzementation durchgeführt. Nach dem Nachpumpen wird das Bohrloch eine bestimmte Zeit dicht abgeschlossen. Dabei ist darauf zu achten, daß das Bohrgestänge nicht einzementiert wird. Für einige Fälle wird ein genaues Zementationsprogramm aufgezeigt.

K. SCHULZE

SAVRE, W. C.

Determination of a more accurate porosity and mineral composition in complex lithologies with the use of the sonic, neutron and density surveys

„Journ. Petrol. Techn.", Vol. 15, Dallas 1963, H. 9, S. 945 bis 959, 19 Abb.

Die jahrelang betriebene alleinige Bestimmung der Nutzporosität permischer Karbonatgesteine aus Westtexas mittels Neutron-Gamma-Bohrlochmeßkurven hat zu allgemein falschen Vorstellungen über die Porositätsverteilung in dieser Formation geführt. In erster Linie ist dies auf das Vorhandensein wechselnder Gipsgehalte im Gestein zurückzuführen. Gips täuscht infolge seines Kristallwassergehaltes in der Neutron-Gamma-Kurve nichtvorhandene Porosität vor. Durch die alleinige oder zusätzliche Anwendung anderer auf die Porosität ansprechender Bohrlochmeßverfahren, wie Gamma-Gamma- oder Akustiklog, läßt sich das Problem nicht beseitigen, da auch diese Verfahren infolge zwangsläufig konstant angesetzter Mineraldichte bzw. Matrixgeschwindigkeiten fehlerhafte Werte liefern würden, sowie sich die Gesteinszusammensetzung ändert.

Diese Fehler lassen sich durch eine Komplexauswertung erheblich reduzieren. Man betrachtet gleichsam durch die drei Bohrlochmeßverfahren (Neutron-, Gamma-Gamma-, Akustiklog) drei Gleichungen für die Porosität als gegeben; die Lösung dieses Gleichungssystems muß einem Porositätswert für ein bestimmtes Gestein bzw. eine bestimmte mineralische Zusammensetzung genügen. Im behandelten Falle wird das Gestein als aus vier Komponenten (Calcit bzw. Dolomit, Gips, Anhydrit, Porenvolumen) zusammengesetzt angesehen. Drei dieser Variablen sind durch das Gleichungssystem bestimmt und damit liegt auch die vierte fest, weil sich alle vier zu 100% ergänzen müssen. Die Lösung erfolgt graphisch, z. B. mittels Dreieckskoordinaten-Diagramm oder Nomogrammen. Auf diese Weise erhält man nicht nur einen genauen Porositätswert, sondern auch die Gesteinszusammensetzung und in manchen Fällen Angaben über mögliche Kohlenwasserstofführung. Eindrucksvolle Meß- und Interpretationsbeispiele ergänzen die Ausführungen.

K. LEHNERT

BIZAL, R. B.

Gas-storage capacity to climb 7%

„Oil and Gas Journal", (1963) S. 91—96 u. 99—101

Die für 1963 gültige Übersicht über die Entwicklung der Untergrundgasspeicherung in den Vereinigten Staaten ergibt im Vergleich zu 1962 eine Steigerung von 3,51 Trillionen cft (99,3 · 10^9 m^3) auf 3,76 Trillionen cft (106,4 · 10^9 m^3) Gesamtkapazität. Für den größten Teil der 252 angeführten Speicherfelder werden effektive Kapazität und Kissengasanteil ausgewiesen. Etwa 40 Projekte werden zur Zeit getestet. Insgesamt 63 Gasgesellschaften befassen sich mit derartigen Arbeiten. Zur Speicherung gelangt bekanntlich in erster Linie Erdgas.

Über die größte Kapazität verfügt Pennsylvanien mit 0,658 Trillionen cft (18,6 · 10^9 m^3), gefolgt von Michigan mit 0,498 Trillionen cft (14,1 · 10^9 m^3). Im Mittelwesten, insbesondere in Illinois und Indiana, wird im Gegensatz zur herkömmlichen Praxis (Benutzung erschöpfter KW-Lagerstätten) die Entwicklung von Aquifer-Speichern weiterhin forciert.

Die von der South-Eastern Michigan Gas Co. für Erdgas angewandte Kavernenspeicherung in Salzschichten wird in Saskatchewan (Kanada) bei zwei in Entwicklung befindlichen Projekten erprobt. Keine Erweiterung hat in den USA bisher auch die Verwendung stillgelegter Kohlengruben gefunden. Bei dem gegenwärtig einzigen Speicher dieser Art bei Denver, Public Service Co. of Colorado, betrug die maximale Leistung in der Saison 1962/63 107000 M cft/d ($3{,}03 \cdot 10^6$ m³/d).

Der ansteigende Gasbedarf führte zu einer allseitigen Entwicklung dieses Energiesektors:

Die Speicherkapazität stieg im Zeitraum 1955—1963 von 1,6 ($45{,}3 \cdot 10^9$ m³) auf 3,76 Trillionen cft ($106{,}4 \cdot 10^9$ m³).

Der Anteil des Gases betrug 1940 nur 11,4%, im Jahre 1961 dagegen 29,3% des gesamten Energieaufkommens.

Die Erdgasvorräte beliefen sich am 1. Januar 1963 auf 273,8 Trillionen cft ($7748{,}5 \cdot 10^9$ m³) und ergaben einen Zuwachs um 2,3% gegenüber dem Vorjahr. Die Erdgasförderung erreichte 1962 13,75 Trillionen cft ($389{,}1 \cdot 10^9$ m³), wobei eine Steigerung um 3,7% zu verzeichnen war. Die Zahl der Verbraucher erhöhte sich 1962 auf 34700000, d. h. um 2,4%.

In diesem Zusammenhang ist ferner die speziell zur Abdeckung extremer Bedarfsspitzen in jüngster Zeit entwickelte Speicherung verflüssigten Erdgases erwähnt. Diese LNG-Speicherung (liquefied natural gas) entspricht prinzipiell der Flüssiggasspeicherung (LPG-Speicherung, liquid petroleum gas) in Kavernen. Das Verfahren wurde 1961 von der Continental Oil Co. entwickelt, das erste amerikanische Projekt wird von der Transcontinental Gas Pipe Line Corp. in New Jersey in Betrieb genommen. In Europa ist ein derartiges Projekt von der Gaz de France für 1964/65 bei Le Havre vorgesehen (Sahara-Gas).

Von den angeführten 18 kanadischen Speicherfeldern entfällt die Mehrzahl auf Ontario. Die Speicherkapazität wird für Ende 1963 mit 0,113 Trillionen cft ($3{,}2 \cdot 10^9$ m³) angegeben, einschließlich der 8 Testprojekte.

W. Lange

Smith, F. Gordon

Physical Geochemistry

Addison-Wesley Publishing Company, Inc., Reading, Massachusetts — Palo Alto — London 1963, S. 1—624

In den letzten zwei Jahrzehnten wurden auf dem Gebiet der physikalischen Geochemie eine große Anzahl von Untersuchungen durchgeführt und für die Petrologie und Lagerstättenlehre eine Reihe grundlegender neuer Erkenntnisse gewonnen. Die Tendenz all dieser, meist auf Experimenten und thermodynamischen Berechnungen beruhenden Arbeiten bestand und besteht darin, die Gesetzmäßigkeiten der Gesteins- und Lagerstättenbildung Zug um Zug vollständiger zu erfassen. Die Anzahl der zu diesem Themenkomplex publizierten Arbeiten ist in den letzten Jahren beträchtlich gestiegen — man kann sagen, progressiv gestiegen, so daß selbst der nur auf wenigen Gebieten spezialisierte Petrologe oder Lagerstättenkundler die betreffende Literatur kaum noch vollständig durchsehen kann. Von hervorragenden Experten oder von Kollektiven verfaßte Monographien über einzelne Fachdisziplinen sind der einzige Ausweg, in verhältnismäßig gedrängter Form den neuesten Stand der Kenntnisse über ein bestimmtes Gebiet umfassend darzulegen und zu vermitteln.

Die von F. Gordon Smith, Professor am Department of Geological Sciences der Universität Toronto, Kanada, verfaßte „Physikalische Geochemie" stellt eine derartige Monographie, ein umfassendes Lehrwerk, dar, in dem mit großer Sachkenntnis und großem Können die wichtigsten Daten und Ergebnisse über die physiko-chemischen Gesetzmäßigkeiten in der Petrologie und Lagerstättenlehre behandelt werden.

Das Lehrwerk gliedert sich in zwei Hauptteile. Im ersten (S. 7—156) werden die Grundlagen dargelegt, die physikalischen und chemischen Eigenschaften der Atome, Ionen und Moleküle, die Koordination, die Bindungsarten. Es werden weiter die Erscheinungen der Isomorphie, Polymorphie, Entmischungen im festen Zustand und Strukturdefekte beschrieben und auf die Eigenschaften von Flüssigkeiten und Gasen eingegangen. Recht ausführlich behandelt Smith die heterogenen Gleichgewichte, wobei den theoretischen Aspekten der Zwei- und Dreistoffsysteme besondere Aufmerksamkeit geschenkt wird.

Der zweite Hauptteil (S. 159—524) befaßt sich mit den in der Natur auftretenden wichtigsten physiko-chemischen Systemen und mit der Petrogenesis im weitesten Sinne. Zuerst werden als wesentliche Beispiele aus der Petrologie die Systeme Albit–Anorthit, Albit–Anorthit–Diopsit, Forsterit–Quarz, Diopsit–Olivin–Quarz, Albit–Orthoklas–Quarz und Anorthit–Albit–Orthoklas behandelt, sodann wird auf die Bowenschen Reaktionsserien eingegangen. Der Autor macht darauf aufmerksam, daß die akzessorischen Minerale (z. B. Zirkon, Titanit, auch Chromit) in einem Eruptivgestein nicht, wie meist angenommen, älter sind als die Minerale der Hauptkristallisation, sondern gleichalt und oft hierbei zu den jüngsten Bildungen zählen. Smith befaßt sich im Anschluß daran mit den Problemen der Entstehung der Eruptivgesteine, mit der Differentiation und der Assimilation. Je ein Kapitel ist den Silikat-Metalloxyd- bzw. Silikat-Metallsulfid-Systemen und den Wasser-Silikat-Systemen gewidmet. Im letzteren wird ausführlich auf die Eigenschaften des Wassers und auf seinen Einfluß bei der Petrogenesis eingegangen, der Einfluß von NaCl und KCl bei normaler und erhöhter Temperatur besprochen und die Löslichkeit von Quarz, Silikaten und anderen Komponenten in Wasser in Abhängigkeit von Temperatur, pH und von Lösungsgenossen behandelt. Zur Frage der Genesis hydrothermaler sulfidführender Mineralisationen werden im folgenden Kapitel wesentliche Ausführungen gemacht. Hierbei wird auf die Löslichkeit von Sulfiden, auf die Löslichkeitsprodukte, auf den Einfluß von Lösungsgenossen und die Komplexbildung eingegangen. Im Anschluß hieran werden zuerst die Silikat-Wasser-Systeme, die den Ablauf der magmatischen Prozesse regulieren, allgemein und schließlich die Verteilung der einzelnen Elemente in eruptiven und metamorphen Gesteinen im besonderen behandelt. Die Probleme der sedimentären und metamorphen Differentiation werden nur kurz gestreift. Weitere Kapitel behandeln Fragen der Bildung pegmatitischer, kontaktmetasomatischer und hydrothermaler Lagerstätten. Die Vielfalt der zur Darstellung gebrachten Daten wird schließlich mit der Beschreibung geothermometrischer und geobarometrischer Daten und Untersuchungsmethoden abgeschlossen. Ein 37 Seiten zählendes Literaturverzeichnis und ein Sachregister beschließen das nach Umfang und Inhalt recht umfassende Werk.

Smith's "Physical Geochemistry" ist Lehrbuch und Nachschlagewerk zugleich. Zahlreiche Tabellen und Abbildungen erläutern die Ausführungen in recht anschaulicher Weise. Das Buch sollte von jedem, der petrologisch oder lagerstättenkundlich arbeitet, zur Hand genommen und studiert werden.

G. Tischendorf

Kraume, E.

Die metallischen Rohstoffe

4. Bd. Kupfer

2. vollst. umgearb. Aufl., Stuttgart: Ferdinand Enke Verl. 1964. 380 S., 30 Abb., 50 Zahlentaf., geheftet DM 81,—, Ganzl. DM 86,—.

Dem durch die Monographie über die Rammelsberger Erzlagerstätte allen Erzlagerstättenkundlern bestens bekannten Autor ist es gelungen, die seit dem Erscheinen der 1. Auflage dieses Buchs im Jahre 1941 sehr stark erweiterten Kenntnisse über die Lagerstätten des Metalls Kupfer umfassend und trotzdem in knapper Form darzustellen. Die einschlägige Literatur wurde bis zum Stand des Jahres 1962 vollständig ausgewertet.

Nach kurzen Angaben über die Eigenschaften des Kupfers werden Vorkommen und Entstehung der Lagerstätten behandelt. Die geochemischen Daten entstammen den neuesten Untersuchungen. Die Lagerstätten werden nach dem Schneiderhöhnschen genetischen System gegliedert.

Es schließen sich kurze Kapitel über die Gewinnung, Verarbeitung und Verwendung des Metalls an.

Die Darstellung der Geschichte des Kupfers stammt wie in der 1. Auflage von H. Quiring und F. Friedensburg.

Die Ausführungen über Marktlage, Bewertung, Preise, Zukunftsvorräte und die Statistik geben einen Überblick über die Situation des Kupfers in der kapitalistischen Wirtschaft.

Im 2. Teil des Buchs werden lagerstättengeologische und montanwirtschaftliche Angaben über die Kupferlagerstätten von 84 Staaten gemacht. Der Umfang der Behandlung der einzelnen Lagerstätten ist vom Verfasser sehr gut deren Bedeutung angepaßt worden. Auf den modernen Stand der Bearbeitung wurde bereits eingangs hingewiesen.

J. Rentzsch

Chermette, A.

Les ressources de la France en spath fluor

„Mémoires du Bureau de Recherches Géologiques et Minières", Éditions Technip, Paris 1960, Nr. 1, 56 S.

Der schnell zunehmende Bedarf an Flußspat in der modernen Industrie — vor allem in der Stahl- und der Aluminiumindustrie, aber auch in einer sich neuentwickelnden Flußspatchemie, die u. a. auch organische Komponenten einbezieht — macht dieses nichtmetallische Mineral zu einem der weltwirtschaftlich wichtigsten. Die vorliegende Untersuchung erstreckt sich in erster Linie auf die in Frankreich vorhandenen Vorräte und auf die französische Position als Flußspatproduzent. In einem ersten Teil werden die charakteristischen Eigenschaften, die Lagerstättengeologie und die wesentlicheren ökonomischen Gegebenheiten des Flußspats behandelt. Der zweite Teil gilt den französischen Lagerstätten und vergleicht diese mit denen in der ganzen Welt. Der die zweite Hälfte des Heftes einnehmende dritte Teil untersucht die ökonomischen Aspekte von Produktion, Handel und Verbrauch an Flußspat hinsichtlich der französischen und der Weltwirtschaft.

H. Havemann

Köhler, K.

Radiometrisches Klauben von Uranerzen und anderen Rohstoffen des Bergbaus (Literaturstudie)

„Montanwissenschaftl. Lit.-Ber.", Abt. C, 7. Beih., Leipzig 1963. 181 S., 84 Abb., 41 Tab. im Text, 4 Tab. im Anh. u. 2 Nomogramme, MDN 32,—

Der Verf., aus dessen Feder bereits eine Arbeit über „Die Gamma-Probenahme von Uranerzen am Anstehenden" (1959) vorliegt, behandelt im „Radiometrischen Klauben" ein für die Technik sehr interessantes Grenzgebiet zwischen der Radiometrie, einem Zweig der angewandten Geophysik, und der Aufbereitung.

Wie die meisten anderen Erzgruben liefern auch die Uranerzbergwerke Fördererze (Gehalte meist unter 0,2% U), die nicht den Hüttenanforderungen genügen (Gehalte über 8,5% U). Die erforderliche Anreicherung zu Konzentraten erfolgt fast ausschließlich auf nassem Wege (Ionenaustausch, Laugung). Physikalische Methoden machen bei Uranerzen nur 2% aller Aufbereitungsverfahren aus. Lediglich bei der Vorkonzentration erlangen physikalische Verfahren eine gewisse Bedeutung.

Verf. macht zunächst mit den wirtschaftlich wichtigsten Uranmineralien bekannt. Während bis 1953 die „klassischen" Uranmineralien Uraninit, Uranpechblende (Nasturan) und Carnotit noch 99% der Uranförderung ausmachten, ist ihr Anteil 1958 bereits auf 53% zugunsten des Uransilikats Coffinit (22%) und des Uranmetatitanats Brannerit (24%!) gesunken. Die großen Veränderungen, die zwischen 1953 und 1958 in der Uranförderung vor sich gegangen sind, werden durch eine beigefügte graphische Darstellung gut veranschaulicht.

Verf. erläutert dann das Wesen des radiometrischen Klaubens: Auf einem Förderband wird das Roherz an einem Instrument zur Messung der Radioaktivität vorbeigeführt. Wenn die Strahlungsintensität einen vorher einstellbaren Grenzwert überschreitet, wird ein automatisch gesteuerter Stößel betätigt, der die radioaktiven Erzbrocken vom Band herunter in eine Schurre wirft (Konzentrat), während das nichtaktive Material am Bandende als Berge ausgetragen wird. Verf. macht mit den gebräuchlichen Klaubemaschinen bekannt (Typ Lapointe und Typ Kelly & Hutter). Ausführlicher beschreibt Verf. die radiometrischen Klaubeanlagen von Port Radium und Port Hope (Kanada), von Bois Noirs bei Forez (Dep. Loire) und Bessines (Dep. Haute-Vienne); die Klaubereien in Finnland, in der ČSSR und in der UdSSR (hier sind außer Bandanlagen auch Eimer- und Karussellmaschinen in Gebrauch) werden erwähnt. In zwei Tabellen sind die technischen Daten der tschechoslowakischen und sowjetischen Strahlenmeßgeräte mitgeteilt. Eine Karte Frankreichs, in der die Uranlagerstätten, Prospektionsgebiete und Verarbeitungswerke eingezeichnet sind, und eine Karte der Uranlagerstätten Kanadas sind dankenswerterweise beigefügt.

Gegenüber dem Lapointe-Picker zeichnet sich die Kelly-Hutter-Maschine durch erstaunlich hohe Durchsatzleistung und minimalen Platzbedarf aus. Die Klaubung erfolgt im freien Fall.

Besonders bemerkenswert wird Köhlers Arbeit dadurch, daß er sich nicht nur auf die Klaubung von Uranerzen beschränkt, sondern auch interessante Beispiele für die radiometrische Klaubung von Rohstoffen bringt, die erst durch eine besondere Vorbehandlung zu strahlenden Substanzen gemacht werden („radioaktivieren"). So läßt sich z. B. Beryll von Quarz durch Bestrahlung mit γ-Quanten bestimmter Energie trennen. Auch die umgekehrte Reaktion (Beschuß mit Neutronen, damit Freisetzung von γ-Strahlung) kann für aufbereitungstechnische Zwecke benutzt werden (Klaubung von Kohle nach dem Aschegehalt). Gelegentlich wird auch die Absorption oder Rückstreuung von β- und γ-Strahlung (Intensitätsmessungen) für Aufbereitungsvorhaben nutzbar gemacht. In der UdSSR sind Funktionsmuster in Betrieb, die in der Lage sind, Unterschiede von 5% im Aschegehalt von Kohlen (entspricht einem Dichteunterschied von 0,04 g/cm^3) radiometrisch zu erfassen. Bei Einführung des radiometrischen Kohleaufbereitungsverfahrens könnten mehr als 40000 Arbeitskräfte freigesetzt und fast 500 Mill. Rubel (alte Rechnung) eingespart werden.

In einem weiteren Kapitel beschäftigt sich der Verf. mit der Wahl der für das Klauben geeigneten Strahlung.

Sehr ausführlich geht dann der Verf. auf den statistischen Charakter der radioaktiven Umwandlungen und ihre Bedeutung für die Messung von Kernstrahlungen ein. Man muß dem Verf. dankbar sein, daß er zum besseren Verständnis des Stoffes zahlreiche Rechenbeispiele bringt.

Mit Nachdruck betont Verf., daß das radiometrische Klauben nichts anderes als eine angenäherte und automatische radiometrische Analyse des Urangehalts der einzelnen Teile eines Erzes ist. Zur radiometrischen Analyse werden prinzipielle Ausführungen gemacht.

Des weiteren bringt Verf. Angaben über die Empfindlichkeit der Strahlenmeßgeräte, von der entschieden wird, bis zu welcher unteren Grenze die Gehalte des aufzugebenden Erzes bzw. der abzuscheidenden Berge gesenkt werden können. Hinweise auf die Einstellung und Funktionsprüfung der Strahlenmeßgeräte und Richtlinien für die Wahl des Verfahrensgangs, der sehr von den gegebenen geologischen Verhältnissen einer Lagerstätte und den bergbaulichen Gewinnungsmethoden abhängt, beenden den lehrreichen theoretischen Teil der Arbeit.

Die vorliegende Literaturstudie Köhlers ist mit großer Sorgfalt und viel Fleiß angefertigt worden. Die Bedeutung der Arbeit liegt darin, wie Prof. Dr. Meisser im Geleitwort betont, daß der Verf. das komplexe Gebiet des radiometrischen Klaubens an Hand der weit verstreuten Literatur umfassend behandelt hat. Es ist eine in sich abgeschlossene und unter einheitlichem Gesichtspunkt zusammengefaßte Dokumentation, die dem Leser erspart, auf die teilweise schwer erreichbaren Originalquellen zurückzugreifen. Hierin liegt außer der Vermittlung des derzeitigen Standes der Technik der Nutzen der Arbeit Köhlers für die Praxis. — Bedauerlicherweise entspricht die Papier- und Bildqualität trotz des relativ hohen Preises des Heftes nicht dem Wert seines Inhaltes.

Heinz Schützel

Schwarzbach, M.

Climates of the Past. An Introduction to Paleoclimatology

Übers. u. herausg. v. Richard O. Muir, London: D. van Nostrand Company, Ltd. 1963. 328 S., 134 Abb., 48 Tab.

Nachdem 1961 die 2., völlig neu bearbeitete und erweiterte Auflage von M. Schwarzbachs „Das Klima der Vorzeit" erschienen ist, die gegenüber der ersten Fassung praktisch ein neues Buch darstellt, liegt nunmehr nach einer Übersetzung der 1. Auflage ins Russische eine englische Ausgabe der 2. Aufl. vor. In der Reihe „University Series in Geology" vom D.-van-Nostrand-Verlag, herausgegeben von RHODES W. FAIRBRIDGE von der Columbia-Universität, hat RICHARD O. MUIR vom Chelsea College of Science and Technology in London die Übersetzung vorgenommen. Wie der Verfasser, M. SCHWARZBACH, in einem kurzen Vorwort selbst hervorhebt, hat R. O. MUIR sich nicht pedantisch an den Wortlaut des Originals gehalten, sondern frei übersetzt. Wo seit 1961 auf Kongressen oder in der Literatur neue Ergebnisse bekannt geworden sind, wurden im Text kleine Verbesserungen und Ergänzungen vorgenommen. Gleiches gilt für das Literaturverzeichnis. Ausstattung und Druck des Buches sind sauber. Gegenüber der deutschen Ausgabe wurden die Abbildungen teilweise vergrößert und sind daher noch klarer. Es ist erfreulich, daß dieses wichtige Buch nunmehr auch denen zugänglich ist, die die deutsche Sprache nicht beherrschen.

R. HOHL

KAPTSCHENKO, L. N.

Über eine natürliche Synthese der Kohlenwasserstoffe in der Erdkruste

„Trudy wsessojusn. neft. nautschnoissled. geol.-raswed. Inst.", **212**, Nr. 41/56, Moskau 1963

In den Ausführungen des Verf. wird die Grundlage der anorganischen Erdölentstehung, einer Theorie, zu der sich in der Sowjetunion zahlreiche Anhänger bekennen, untersucht. Er stellt fest, daß in der Erdkruste ausgiebige Bedingungen für eine natürliche Kohlenwasserstoffsynthese vorliegen, sowohl in den Ausgangsstoffen wie auch als Katalysatoren. Nach Experimenten kann eine solche Synthese im Bereich der pegmatitisch-hydrothermalen Phase (Temp. 500°—150°, hohe Drücke) ablaufen. Methan, das immer im Magma vorhanden ist, Wasserdampf und Kohlenoxide können unter solchen Bedingungen Kohlenwasserstoffe bilden, die in artesische Becken abwandern und sich in geeigneten Speichergesteinen und Schichten anreichern.

K. KAUTER

Neuerscheinungen und Literaturhinweise

Autorenkollektiv

Untersuchungen über Geologie, Bergbau und Erzaufbereitung der Kursker Magnetanomalie
Rostechisdat, Moskau 1962, 470 S.

KARASIK, M.

Postmagmatische Erzfelder und ihre Klassifikation
Isdat. AN USSR, Kiew 1963, 265 S.

KIRCHHEIMER, F.

Das Uran und seine Geschichte
Verlag Schweizerbart, Stuttgart 1963, 371 S.

KOEHLER, K.

Radiometrische Verfahren der angewandten Geophysik
Merkblätter Inst. f. angew. Geophysik d. Bergakademie Freiberg
Freiberg 1963, 76 S.

LEBEDEJEW, A.

Untersuchungsmethoden der Grundwasserbilanz
Gosgeoltechisdat, Moskau 1963, 191 S.

Autorenkollektiv

Die Herausbildung der ingenieurgeologischen Eigenschaften toniger Gesteine im Prozeß der Lithogenese
Isdat. AN SSSR, Moskau 1963, 222 S.

KOROBANOWA, I. G., u. a.

Ingenieurgeologische Charakteristik der jurassischen Gesteine der Kursker Magnetanomalie und deren Bildungsbedingungen
Verl. AN SSSR, Moskau 1963. 109 S.

EGEL, L.

Seltene Erden—Metalle
Verl. Gosgeoltechisdat, Moskau 1963. 332 S.

Nachrichten und Informationen

Prof. Dr. KURT PIETZSCH zum Gedenken

Am 27. September 1964, zwei Tage vor der Vollendung seines 80. Lebensjahres, verstarb durch einen überaus tragischen Unglücksfall Prof. Dr. KURT PIETZSCH. Die Nachricht von seinem plötzlichen Tod traf nicht nur die, die im Begriff waren, KURT PIETZSCH anläßlich seines 80. Geburgstags in Dankbarkeit und Verehrung die Beweise der hohen Wertschätzung darzubringen, deren er sich in jeder Hinsicht erfreute, sondern auch alle, die ihn durch seine Werke oder als Menschen kennen, achten und lieben gelernt haben. Anstatt ihm aus tiefstem Herzen weitere Jahre erfolgreichen Schaffens wünschen zu können, standen wir tief erschüttert an seiner Bahre und mußten Abschied nehmen für immer.

Das Leben von KURT PIETZSCH war bis zum letzten Tage ein Leben für die Wissenschaft. Es galt vor allem der Erforschung der Geologie von Sachsen. Das, was seinen Vorgängern HERMANN CREDNER und FRANZ KOSSMAT nicht vergönnt war, schuf er bereits hochbetagt: eine umfassende Darstellung der „Geologie von Sachsen". Dieses, sein Lebenswerk, erschien 1962 in einem Umfang von 870 Seiten. Die meisterhafte, lebendige Darstellung des so vielseitigen Stoffes ist der beredte Ausdruck einer mehr als 50 Jahre langen rastlosen Tätigkeit im Dienste unserer Wissenschaft, einer nie erlahmenden Teilnahme an der geologischen Erforschung des Landes Sachsen und der bewundernswerten Energie ihres Autors. Nach einer Zeit von nunmehr kaum zwei Jahren ist bereits die zweite Auflage fast schon wieder vergriffen. Darin äußert sich nicht zuletzt die Anerkennung, die dieses Werk weit über die Grenzen des behandelten Gebiets hinaus fand.

Der Verstorbene war aber nicht nur ein Forscher von internationalem Ruf, er war nicht nur ein verdienstvoller Lehrer, sondern seine umfassenden Kenntnisse, seine reichen Erfahrungen und sein sachliches Urteil waren die Grundlagen einer jahrzehntelangen Tätigkeit auf dem Gebiet der praktischen Geologie. Unter den Lagerstätten galt sein Interesse in erster Linie denen der festen Brennstoffe. Nicht weniger umfangreich und vielseitig war die Tätigkeit von KURT PIETZSCH als geologischer Berater und Gutachter, die naturgemäß kaum ihren Niederschlag in Publikationen fand. Eine stattliche Anzahl von Gutachten und anderen unveröffentlichten Schriften, weit ausdrucksvoller aber viele noch heute volkswirtschaftlich bedeutungsvolle Tagebaue, Talsperren, Wasserversorgungsanlagen usw. künden von seinem Wirken.

Wir haben in KURT PIETZSCH aber nicht nur einen Geologen aus innerster Berufung, einen Wissenschaftler von internationalem Ruf und einen hochgeschätzten Lehrer verloren, sondern wir trauern ebenso um einen kritischen, immer wohlwollenden Ratgeber, um ein Vorbild selbstloser bescheidener Pflichterfüllung, um einen gestrengen, aber stets gerechten Vorgesetzten, wir trauern um einen Menschen von schlichter, erhabener Größe. Sein von allen Vorurteilen und Standesdünkeln freies Wesen, sein fast sprichwörtlicher erfrischender Humor werden uns unvergessen bleiben. Der Wissenschaftler KURT PIETZSCH wird in seinen Werken, der Mensch KURT PIETZSCH aber in den Herzen all derer, die ihn kannten, weiterleben.

WOLFGANG GOTTE

Hohe staatliche Auszeichnungen für Geologen

Aus Anlaß des 15. Jahrestages der Deutschen Demokratischen Republik wurden fünf Geologen für ihre wissenschaftlichen Arbeiten mit staatlichen Auszeichnungen geehrt.

Für ihren Anteil bei der wissenschaftlichen Vorbereitung und Durchführung der geologischen Erkundung der Kalisalze auf der Scholle von Calvörde wurde das Geologenkollektiv Dr. rer. nat. Dipl.-Geol. JOACHIM LÖFFLER, Chefgeologe des VEB Geologische Erkundung West, Halle, Dipl.-Geol. WOLF-DIETER REUSSNER, Direktor für Geologie der VVB Feste Minerale, Berlin, Dr. rer. nat. Dipl.-Geol. GÜNTER SCHULZE, Halle, und Dipl.-Geol. WERNER REICHENBACH, Halle, mit dem Nationalpreis III. Klasse für Wissenschaft und Technik ausgezeichnet.

Als Held der Arbeit wurde Dipl.-Geol. KARL FEIRER, Stellvertreter des Hauptgeologen der Generaldirektion der SDAG Wismut, für seinen hervorragenden persönlichen Anteil an der erfolgreichen Durchführung der Uranerkundung und bei der Ausarbeitung komplexer Such- und Erkundungsmethoden auf Uran ausgezeichnet.

Erdöl/Erdgas

Bohrtätigkeit in Westdeutschland

In Westdeutschland wurden im Jahre 1963 433840 Bohrmeter auf Erdöl niedergebracht. Damit lagen die Bohrleistungen um 70300 m bzw. 13,9% niedriger als im vergangenen Jahr („Brennstoff-Chemie", 2/1964). Die Durchschnittstiefe erhöhte sich von rd. 1400 m im Jahre 1960 auf 1945 m im Jahre 1963.

Von den 1963 beendeten 223 Tiefbohrungen waren 145, d. h. 65%, gas- oder ölfündig. Im Jahre 1962 wurden 69% der niedergebrachten Bohrungen fündig.

Die Bohrmeter verteilen sich wie folgt:

Weser-Ems-Gebiet	105 Bohrkilometer
Schleswig-Holstein	90 „
Alpenvorland	71 „
Hannover	68 „
Emsland	58 „
Oberrheintal	34 „

Die restlichen Bohrmeter entfallen auf das Weserbergland und das Münsterland. Von den im Jahre 1963 niedergebrachten 46 Aufschlußbohrungen wurden zwei ölfündig; vier Sonden trafen bisher unbekannte Gasvorkommen an.

Abgeteufte Bohrmeter im Jahre 1963

	1962	1963
Aufschlußbohrungen	112053	124834
Erweiterungsbohrungen	92345	89334
Produktionsbohrungen	290316	200088
Hilfsbohrungen	9419	19584
	504133	433840

DRESSEL

8% der Landfläche der Erde sowjetisches Erdöl-Erdgas-Gebiet

Eine Gruppe von 18 sowjetischen Experten bezifferte die bekannten Erdgasvorräte der UdSSR mit 2786 Mrd. m³ und schätzte die möglichen bzw. wahrscheinlichen Vorräte auf $60 \cdot 10^{12}$ m³. Dabei wird eine Gesamtfläche von 11 Mill. km² öl- und gashöffiger Gebiete der Sowjetunion vorausgesetzt, die 50% des Territoriums der UdSSR und etwa 8% der Landfläche der Erde ausmachen würde. HAVEMANN

Erhöhung der rumänischen Erdgasförderung

Wie einem Bericht der rumänischen Zentraldirektion für Statistik zu entnehmen ist, hat sich die Erdgasförderung des Landes 1963 um 14% erhöht. Es wurde eine Förderung von 10,1 Mrd. m³ erreicht. Die Zuwachsrate für Rohöl betrug 3%. 1963 wurden 12,2 Mill. t Rohöl gewonnen. 1965 ist eine Rohölproduktion von 13,5 Mill. t vorgesehen. Für Erdölprodukte wurde eine Steigerung um 1% erzielt. Rumänien stellte 1963 6629000 t Erdölprodukte her. DRESSEL

Neue Erdölfunde im Arabischen Golf

Die seismische Erkundung im Arabischen Golf führt zu immer neuen Entdeckungen. Im Oktober 1963 waren im Konzessionsgebiet der saudiarabischen „Arabian Oil Co.", an der auch Japan beteiligt ist, 35 km nördlich der Khafji-Ölfelder, die bereits von dieser Gesellschaft ausgebeutet werden, die Hout-Felder entdeckt worden. Nunmehr wurde etwa 29 km weiter nördlich ein neues bedeutendes Ölfeld gefunden, dessen Vorrat auf 800 Mill. t geschätzt wird und dem der Khafji-Felder gleichkommen soll („Bergbau-Wissenschaften", Nr. 4, 1964). Die „Arabian Oil" plant für 1964 eine Gesamtförderung von 11 Mill. t und für 1965 von 13 Mill. t Erdöl. HAVEMANN

Libyens Erdölproduktion

Wie einer Veröffentlichung des libyschen Ministeriums für Erdölwirtschaft zu entnehmen ist, wurden seit 1957 in Libyen 996 Tiefbohrungen gestoßen. Davon wurden fast die Hälfte, nämlich 436, öl- und 2 gasfündig. 1963 betrug die libysche Erdölgewinnung rd. 21 Mill. t. Das tägliche Förderpotential der ölfündigen Bohrungen erreicht 622192 Faß bzw. jährlich etwa 33 Mill. t Rohöl („Brennstoff-Chemie", 5/1964).

Die Bohrungen der Oasis erweisen sich als besonders ergiebig. Von den 222 fündigen Bohrungen der Oasis werden täglich 330620 Faß, das ist mehr als die Hälfte der potentiellen Ausbeute, gewonnen. Die Esso Standard ist mit einer potentiellen Tagesproduktion von 131584 Faß an 51 produzierenden Bohrungen, die Esso Sirte mit 55690 Faß aus 36 Erdölbohrungen beteiligt.

In der letzten Zeit sind beachtliche neue Erdölfunde südwestlich Tripolis zu verzeichnen. DRESSEL

Erze

Sedimentäre Eisenerze des Urals

Die Gesamtvorräte der im Ural weit verbreiteten sedimentären Eisenerze betragen etwa 1 Mrd. t.

Bei Swerdlowsk treten im Alapajewsk-Bezirk in Rinnen der Karbon-Erosionsfläche Brauneisenerze mit durchschnittlich 42% Fe auf. Die Vorräte werden auf 100 Mill. t beziffert. Dem Serow-Revier wird durch den beabsichtigten Ausbau der dortigen Eisenmetallurgie große Beachtung geschenkt. In drei Horizonten (Trias-Jura, Jura und Alb-Cenoman) treten hier chromhaltige Brauneisenerze in einer etwa 100 km² großen Mulde auf.

Primäre pulverförmige Brauneisenerze mit erheblichen Gehalten an Nickel und Kobalt werden zum Trias-Jura gestellt. Die Vorräte der 0,3—9,5 m mächtigen Linsen sind allerdings infolge der Erosion nur gering. Erzmineralien sind: Goethit, Hydrogoethit, Magnetit, Chromspinell, Pyrit und Markasit. Im Hangenden liegen feinkörnige Sande des Santon und Bohnerzkonglomerate des Alb-Cenomans.

Der jurassische Horizont ist nur im Osten der Mulde ausgebildet. Die umgelagerten lateritischen Erze werden in Ocker-, Ton-Ocker- und Ton-Sand-Erze gegliedert. Sie sind auf 12 km verfolgbar und werden von buntgefärbten jurassischen Tonen oder Santon-Erzen überlagert. Der Erzhorizont liegt in 0,5—102 m Tiefe, seine Mächtigkeit schwankt zwischen 0,3 und 29,5 m.

Die Bohnerzkonglomerate des Alb-Cenomans sind in zwei Zonen ausgebildet. Das Erz der 34 m mächtigen östlichen Zone enthält 30—40% Fe. Die westliche Zone führt 20 bis 30% Fe. Während der untere Teil des Erzlagers meist aus tonigen Erzen mit Hydrogoethit-Bohnen besteht, wird der obere Teil aus massiven Erzen gebildet. Als Erzmineralien kommen vor: Hydrogoethit, Goethit, Magnetit, Maghaemit, Hämatit, Hydrohämatit, Chromspinell, Siderit, Pyrit und Ilmenit. Das Deckgebirge wird von 30—150 m mächtigen oberkretazisch-paläogenen Schichten aufgebaut. Infolge des teilweise ungünstigen Verhältnisses zwischen der Mächtigkeit des Erzhorizonts und dem Deckgebirge sind nicht die gesamten 1 Mrd. t betragenden Vorräte bauwürdig.

DRESSEL

Kupferverbrauch und Grad der Industrialisierung

Der Grad der Industrialisierung, den die Länder der Erde in den vergangenen Jahrzehnten erreicht haben, läßt sich weitgehend nach ihrem Metallverbrauch schätzen. Ein gutes Beispiel dafür ist der Kupferverbrauch. „Mining Engineering", April 1964, gibt eine Übersicht über den Verbrauch in 35 Friedensjahren (1920–1938, 1946–1961), wobei die Länder nach ihrem Industrialisierungsgrad in drei Gruppen geteilt sind: I. USA, Kanada, Westeuropa, Australien, Neuseeland; II. UdSSR incl. Sibirien, weitere sozialistische Staaten, Japan; III. Lateinamerika, Afrika, Asien (ohne UdSSR), Indonesien.

	1961			
	Bevölkerung in Mill.	1000 t	Pfund pro Person	Verhältnis zu Gruppe III
Gruppe I	543	69653	267	73 : 1
Gruppe II	403	12084	60	17 : 1
Gruppe III	2115	3751	3,55	1

Havemann

Steigender Nickelverbrauch in der kapitalistischen Industrie

Der Nickelverbrauch der kapitalistischen Länder betrug nach einer Schätzung der „International Nickel Co." 1963 262500 sh. t gegenüber 236500 sh. t im Vorjahr. Für die einzelnen Verwendungsarten von Nickel wurden 1963 und 1962 verbraucht (in 1000 sh.t zu 907 kg):

	1963	1962
Rostfreier Stahl	81	65
Plattierung	44	41,5
Nickellegierungen	38	37
Konstruktionsstahl	33,5	30,5
Eisenguß	31,5	29,5
Kupfer- und Messinglegierungen	10,5	10,5
andere Verwendungen	24	22,5
insgesamt	262,5	236,5

Havemann

Goldlagerstätten in Griechenland

Im Krusia-Gebirge (nördlich von Saloniki) konzentrieren sich Lagerstätten, deren Goldführung an Quarzgänge und zum Teil an den Eisernen Hut metasomatischer Lagerstätten geknüpft ist. Die Goldführung tritt in den bis zu 7 m mächtigen Quarzgängen an Scharungen mit jüngeren Quarznachschüben auf. Fast goldfrei sind in der Nähe liegende Pegmatite. In kristallinen Schiefern findet man Gold in Form von Freigold bis etwa 0,5 mm Größe.

Durch Schürfungen bei Vathi konnten Goldgehalte bis 12 g/t nachgewiesen werden. Hier ist das Gold an besonders reine Quarzpartien gebunden. Die chemische Analyse einer Schlitzprobe erbrachte bei einem Goldgehalt von 4 g/t folgende Werte („Erzbergbau & Metallhüttenwesen", 1/1964, S. 9–18):

Ag	2 g/t	Fe_2O_3	1,86%
Pb	nil	Al_2O_3	2,33%
Cu	Spur	TiO_2	0,55%
As	0,008%	Alkalien	0,5 %
Sb	0,004%	SiO_2	93,45%
Sn	0,01 %		
S	0,01 %		

Das Gold-Silber-Verhältnis von etwa 2:1 läßt auf den Typ einer plutonischen Goldquarzlagerstätte schließen. In sulfidischen Erzen (in bis 1,2 m mächtigen Gängen) schwankt das Gold-Silber-Verhältnis von etwa 1:200 bis 1:500.

Nördlich Pontekerasia (in der Nähe des Kerkini-Sees) treten hochthermale Pyritvorkommen auf. Das Erz hat einen durchschnittlichen Goldgehalt von 4,5 g/t. Eine von der Erzhalde entnommene Durchschnittsprobe setzt sich wie folgt zusammen:

Glühverlust	10,5 %	As	0,3 %
SiO_2	36,95%	Cu	0,08%
FeS_2	49,5 %	Sb	0,00%
ZnS	7,5 %		

Die südöstlich von Kilkis bis in den Raum des Langada-Sees anstehenden Gänge der Kupfer-Arsen-Formation führen bis 8 g/t Gold. Die goldhaltigen Lagerstätten im Gebiet der Tsingelion-Berge werden von sauren Eruptivgesteinen tertiären Alters abgeleitet. Das komplexe Erz besteht aus Cu-Pb-Zn, Ag und Au (letzteres führt einen hohen As-Gehalt). Der Goldgehalt erreicht 3 bis 7 g/t. In der Nähe setzen etwa 0,5 m mächtige edelmetallhaltige Pyrit-Arsenkies-Gänge am Kontakt zum Marmor auf.

Die bei Angistron befindlichen Lagerstätten werden den polymetallischen Erzgängen zugeordnet. Einen geringen Nickel-Kobalt-Gehalt (Annabergit und Erythrin) hat die arsenkieshaltige Pyritformation. Sie führt 6 bis 8 g Au/t.

Etwas Gold (0,5 bis 6,0 g/t) ist auch in den östlich von Siderokastron (bei Polyvrisi) ausbeißenden Eisen–Mangan-Erzen enthalten.

Im östlichen Teil des Bakir-Tepe (Kupferberg) und im Nordostteil von Kato Nevrokopi befinden sich Blei–Zink–Kupfer-Vererzungen. Die aus verschiedenen Gründen nicht weiter beschürften Bezirke weisen Goldgehalte bis 8 g/t aus.

Die im Pangäon und im Tsal-Dag-Gebirge am Kontakt zum Marmor im kristallinen Schiefer aufsitzenden Quarzgänge haben Gehalte zwischen 0,2 und 0,7 g/t Gold.

Bis 37 g/t Gold ergaben beschürfte Gänge am Pilaf-Tepe. In der Marmor-Glimmerschiefer-Zone des Tsal-Dag-Gebirges nördlich Kavala reicht der Goldgehalt der Erze von Spuren bis zu 11 g/t. In den Erzlagern des Symbolon-Gebirges konnten dagegen nur Spuren von Gold nachgewiesen werden.

Das Kupfervorkommen von Skouries ist an einen Trachitstock geknüpft. Es enthält bis 3,5 g/t Au. Weiter südlich wurden zwischen Megali Panagia und dem Golf westlich der Enge von Jerissos mehrere goldführende Erzlager erschürft, deren Anreicherungen teilweise über 10 g/t Au erreichen.

Zu den wichtigsten Goldseifen zählen im Untersuchungsgebiet die Vorkommen des Gallikos-Flusses, die Bäche bei Nigrita, der Strymonoberlauf, der Axios, der Nestrosunterlauf sowie der Angitis-, Kavrias- und Linthos-Fluß.

Außerdem wurden reiche Goldseifen im Nestos-Fluß (bei Paranestion) im Tsal-Dag, bei Kerkini und Nevrokopion (an der bulgarisch-griechischen Grenze) festgestellt.

Dressel

Sonstiges

Verfahren und Vorrichtung zur Korrektur von Richtungsabweichungen senkrecht nach oben gerichteter Zielbohrungen

Seit nahezu einem Jahrzehnt hat das Großlochbohren immer größere Anwendung gefunden.

Derartige Bohrungen werden in den meisten Fällen von unten nach oben durchgeführt. Die dazu benützten Großlochbohrmaschinen werden so ausgerichtet, daß eine Zielbohrung den auf der oberen Sohle gewünschten Punkt erreichen soll, wobei Bohrlochlängen bis 250 m keine Seltenheit sind. Die Zielbohrung hat einen zur Endbohrung relativ kleinen Durchmesser von im allgemeinen 65 bis 195 mm.

Zur Feststellung von Richtungsabweichungen derartiger Zielbohrungen wurde folgendes Verfahren entwickelt, um eine erneute Zielbohrung einer fehlgelaufenen Bohrung zu vermeiden und den zielgerecht verlaufenden Teil der Bohrung zum Weiterbohren zu benutzen. Das Verfahren verläuft in folgenden Schritten:

a) das Bohrloch wird von unten her bis zur Stelle der vorzunehmenden Richtungskorrektur auf einen größeren Durchmesser erweitert;

b) mit dem Bohrgestänge wird ein auf einem Hohlzylinder pendelnd angeordnetes und mit einer an der Bohrlochwandung anliegenden Dichtmanschette versehenes Kaliberrohr in das erweiterte Bohrloch eingeführt;

c) der Raum um und über dem Kaliberrohr wird bei durchschlägigen Bohrungen von oben her, bei nichtdurchschlägigen Bohrungen von unten her über einen mit dem Kaliberrohr ins Bohrloch geführten Schlauch mit Zementtrübe verfüllt;

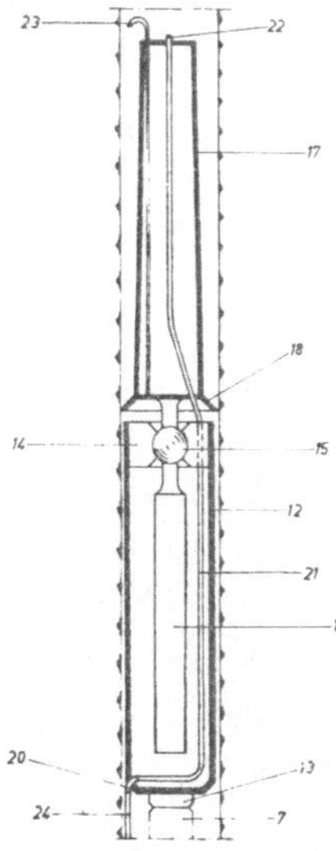

d) nach Abbinden der Zementtrübe wird das Kaliberrohr gezogen.

Zur Feststellung, ob die Korrekturbohrung in der neuen Richtung verläuft, wird der Zementtrübe ein Farbstoff beigemengt, so daß an der Bohrtrübe erkennbar wird, ob nach Zurücklegung eines bestimmten Bohrweges das Bohrwerkzeug den Zementpfropfen verlassen hat.

Für die Durchführung des Verfahrens wird eine in der Zeichnung im Schnitt dargestellte Vorrichtung verwendet.

Die Vorrichtung besteht aus einem Hohlzylinder 12, der an seinem unteren Boden einen Schraubnippel 13 zum Verschrauben auf das Bohrgestänge 7 besitzt. Am oberen Ende des Hohlzylinders 12 ist ein aus einem feststehenden Teil 14 und einer darin allseitig beweglichen Kugel 15 bestehendes Kugelgelenk eingebaut. An der Kugel 15 ist nach unten ein in das Innere des Hohlzylinders 12 ragendes Pendelgewicht 16, nach oben ein sich leicht konisch verjüngendes Kaliberrohr 17 angeordnet, das an seiner unteren Mantellinie eine Manschette 18 trägt, die sich dichtend an die Bohrlochwandung anlegt.

DBP.-Anm.: 1165517. H. FRIEDEMANN

Verankerungsplatte für Gebirgsanker

Beim Ankerausbau treibt man bekanntlich ein Bohrloch in das Gestein hinein und führt in dieses eine Ankerstange ein, die mit einem Spreizkopf versehen ist. Das Spreizen dieses Kopfes wird dann durch Drehen der aus dem Bohrloch herausragenden Ankerstange erzielt, die sich gegen eine metallische Verankerungsplatte an der Oberfläche des Hangenden oder des Stoßes des Gebirges abstützt.

Da die Oberfläche meistens eine unregelmäßige Form hat, ist es schwierig, die Verankerungsplatte einwandfrei zu befestigen. Hier hilft eine neue Verankerungsplatte. Sie ist auf ihrer mit dem Gebirge in Berührung zu bringenden Seite mit einer zusammenhängenden und verformbaren Schicht aus einem nichtzusammendrückbaren Material belegt.

Der schematische Querschnitt veranschaulicht den Ankerausbau einer Grubenstrecke.

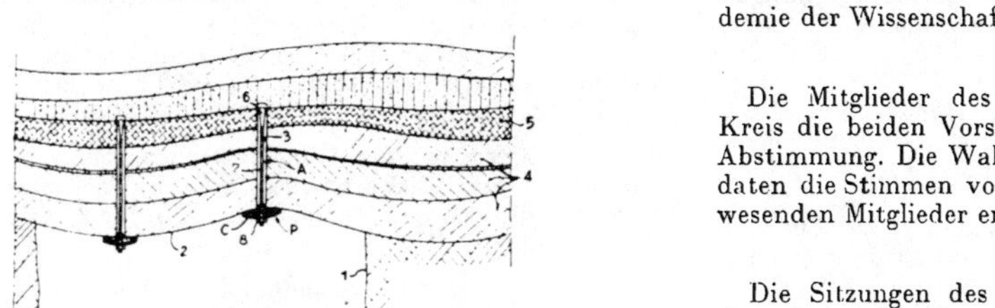

Im Hangenden einer Grubenstrecke sind zwei Bohrlöcher 3 durch weiche Schichten 4 hindurch so hineingetrieben, daß sie in eine harte Schicht 5 hineinreichen. In jedes dieser Bohrlöcher ist einer der Gebirgsanker A eingesetzt. Dieser Anker enthält einen Spreizkopf 6, der durch die Ankerstange 7 in Spreizstellung gebracht wird, wenn sie durch eine Schraube 8 zugbeansprucht wird. Um diese Zugbeanspruchung zu ermöglichen, stützt sich die Schraube 8 gegen eine Platte P ab. Ihre Wirksamkeit wird durch das Erzielen eines zufriedenstellenden Kontakts zwischen den Platten P und dem Hangenden 2 bestimmt. Nun hat das Hangende ein unregelmäßiges Profil, so daß die Erzielung einer zufriedenstellenden Abstützung der Platten P schwierig ist. Deshalb wird zwischen jeder Platte P und der Stirnseite des entsprechenden Bohrlochs eine Füllschicht C eingebracht. Sie ruht auf der Basis der schalenförmigen Platte P und weist eine axiale Öffnung für den Durchtritt der Stange 7 auf.

Die Füllschicht besteht zweckmäßigerweise aus Sand, der durch jedes beliebige geeignete Bindemittel, wie beispielsweise Bitumen, gummigestärkte Bindemittel oder Bindemittel auf Kunststoffbasis, gebunden sein kann.

DBP.-Anm.: 1158928. H. FRIEDEMANN

Ein geothermisches Kraftwerk in Chile?

Eine Gruppe von Experten wurde von dem Sonderfonds der Vereinten Nationen nach Chile entsandt, um die Möglichkeit der Nutzung der geothermischen Energie der Geyser von El Tatio zu untersuchen. Wenn diese Energie zu geringen Kosten gewinnbar ist, könnte sie in Chuquicamata und in den Salpetergruben von Pedro de Valdivia verwandt werden. El Tatio liegt in der Provinz Antofagasta, etwa 280 Meilen von der Küste ab in 4500 m Höhe. Die Geyser sind ähnlich denen von Larderello in Toscana (Italien), die 250000 kW liefern („Engineering & Mining Journ.", April 1964).

HAVEMANN

Quartärkomitee der Deutschen Demokratischen Republik

bei der Deutschen Akademie der Wissenschaften zu Berlin

Statut

Zur kollegialen Zusammenarbeit und gegenseitigen Abstimmung der Arbeiten und als beauftragte Vertretung im internationalen Rahmen, insbesondere bei der Internationalen Union für Quartärforschung (INQUA), entsenden die Geologische Gesellschaft in der DDR, die Geographische Gesellschaft der DDR und die Sektion für Vor- und Frühgeschichte der Deutschen Akademie der Wissenschaften zu Berlin Delegierte in das

QUARTÄRKOMITEE
DER DEUTSCHEN DEMOKRATISCHEN REPUBLIK
bei der Deutschen Akademie der Wissenschaften zu Berlin.

1.

Das Quartärkomitee der Deutschen Demokratischen Republik untersteht dem Generalsekretär der Deutschen Akademie der Wissenschaften zu Berlin. Die Mitglieder des Quartärkomitees werden auf Empfehlung der Geologischen Gesellschaft in der DDR, der Geographischen Gesellschaft der DDR und der Sektion für Vor- und Frühgeschichte bei der Deutschen Akademie der Wissenschaften zu Berlin im Verhältnis 3 : 3 : 1 vom Generalsekretär der Deutschen Akademie der Wissenschaften zu Berlin für jeweils vier Jahre berufen. Veränderungen der Zusammensetzung des Quartärkomitees bedürfen der Zustimmung der delegierenden Institutionen und des Generalsekretärs der Deutschen Akademie der Wissenschaften zu Berlin.

2.

Die Mitglieder des Quartärkomitees wählen aus ihrem Kreis die beiden Vorsitzenden und den Sekretär in offener Abstimmung. Die Wahl gilt als vollzogen, wenn die Kandidaten die Stimmen von zwei Dritteln der bei der Wahl anwesenden Mitglieder erhalten.

3.

Die Sitzungen des Quartärkomitees werden vom Vorsitzenden einberufen. Auch die delegierenden Institutionen können die Einberufung einer Sitzung veranlassen. Die Vorsitzenden der delegierenden Institutionen sind berechtigt, an den Sitzungen des Quartärkomitees teilzunehmen, sie sind hierzu einzuladen. Zu den Sitzungen können zur Erledigung bestimmter Aufgaben weitere Fachvertreter hinzugezogen werden. Beschlüsse werden mit einfacher Stimmenmehrheit der Komiteemitglieder gefaßt.

4.

Das Quartärkomitee vertritt die Quartärforschung der Deutschen Demokratischen Republik im Auftrage der Deutschen Akademie der Wissenschaften zu Berlin im Sinne eines Nationalkomitees. Das Quartärkomitee bereitet die Teilnahme von DDR-Quartärforschern an Veranstaltungen der INQUA-Organisation und anderen die Quartärforschung berührenden internationalen Kongressen vor. In Zusammenarbeit mit den delegierenden Institutionen und den dafür jeweils zuständigen staatlichen Einrichtungen der Deutschen Demokratischen Republik wird die Liste der Delegationsmitglieder zusammengestellt und eine Delegationsleitung gewählt. Dem Quartärkomitee obliegt die Organisation und Betreuung von Arbeitstagungen der INQUA-Kommission und INQUA-Subkommissionen auf dem Gebiet der Deutschen Demokratischen Republik.

5.

Zur Förderung und rationellen gegenseitigen Abstimmung der Quartärforschung in der Deutschen Demokratischen Republik empfiehlt das Quartärkomitee den delegierenden Institutionen die Koordinierung von Forschungsvorhaben, Publikationen, Tagungen und Exkursionen.

6.

Die Unkosten für Geschäftsführung, Tätigkeit der Vorsitzenden und des Sekretärs sowie zur Sicherung der Teilnahme der Mitglieder an den Sitzungen und Veranstaltungen des Quartärkomitees trägt die Deutsche Akademie der Wissenschaften zu Berlin.

Dieses Statut wurde von den Mitgliedern des am 16. Februar 1962 konstituierten und durch Präsidiumsbeschluß der Deutschen Akademie der Wissenschaften zu Berlin vom 27. Juni 1963 bestätigten Quartärkomitees mit Zustimmung der Vorsitzenden der delegierenden Institutionen beschlossen.

Weimar, den 15. November 1963
gez. Prof. Dr. H.-L. Heck
Vorsitzender des Quartärkomitees

Dieses Statut wurde am 11. 6. 1964 durch den Generalsekretär der Deutschen Akademie der Wissenschaften zu Berlin bestätigt.

Zusammensetzung des Quartärkomitees

Delegierte der Geologischen Gesellschaft in der DDR:

1. Prof. Dr. Herbert-Lothar Heck, Berlin, Humboldt-Universität, Institut für Geologie, Vorsitzender
2. Dr. Hans-Dietrich Kahlke, Weimar, Institut für Quartärpaläontologie
3. Dr. habil. Günter Viete, Freiberg (Sa.), Bergakademie (Leiter der Sektion Quartärgeologie der Geologischen Gesellschaft in der DDR)

Delegierte der Geographischen Gesellschaft der DDR:

4. Prof. Dr. Heinz Kliewe, Jena, Friedrich-Schiller-Universität, Geographisches Institut
5. Prof. Dr. Hans Richter, Leipzig, Karl-Marx-Universität, Geographisches Institut
6. Dr. Heinz Schulz, Berlin, Humboldt-Universität, Geographisches Institut, Sekretär

Delegierter der Sektion für Vor- und Frühgeschichte der DAW:

7. Prof. Dr. G. Behm-Blancke, Weimar, Museum für Ur- und Frühgeschichte Thüringens, 2. Vorsitzender

Industriezweigvorstand „Tiefbohrtechnik" gebildet

Nach Abschluß einer Vereinbarung zwischen dem Leiter der ehem. Staatlichen Geologischen Kommission und dem Vorstand des Fachverbands Bergbau wurde am 5. 5. 64 der Industriezweigvorstand „Tiefbohrtechnik" der KdT gebildet. Diesem Industriezweigvorstand obliegt die Anleitung der Betriebssektionen im Bereich der VVB Erdöl—Erdgas und der VVB Feste Minerale sowie die Mobilisierung der überbetrieblichen sozialistischen Arbeitsgemeinschaften in diesem Industriezweig. Zum Vorsitzenden wurde Herr Dipl.-Ing. Karl Töpfer, Gommern, berufen.

In Anwesenheit des Leiters der ehem. Staatlichen Geologischen Kommission, der Generaldirektoren der beiden VVB sowie zahlreicher namhafter Vertreter der Betriebe, der Bergakademie Freiberg, der Bergingenieurschule Breitenbrunn sowie anderer Dienststellen wurde damit einem dringenden Bedürfnis und einer Forderung der Betriebssektionen des Industriezweigs Geologische Erkundung entsprochen. Der Industriezweigvorstand „Tiefbohrtechnik" wird sich in der Periode seiner Stabilisierung der Gründung verschiedener Industriezweigfachausschüsse sowie der Belebung der Arbeit der Betriebssektionen widmen.

Die Gründungsveranstaltung erhielt ihr besonderes Gepräge durch einen Vortrag von Herrn Dipl.-Berging. Dr. Ö. E. Alliquander, Budapest, der über den derzeitigen technischen Stand und die Entwicklungstendenzen beim Rotarybohren berichtete und zahlreiche wertvolle Angaben über den derzeitigen Höchststand der Bohrtechnik machte. Die anwesenden Fachkollegen richteten zahlreiche Anfragen an den Referenten.

Klarner

Kurznachrichten

Die britische **Off-shore-Bohrung Lulworth 1** in der Bucht von Weymouth wies in 762 m Teufe zwar etwas Erdgas im Kimmeridge nach, weitere Aufschlußbohrungen sind jedoch wenig wahrscheinlich.

Die **Erdgasproduktion** von **Lacq** 1963 wird mit 4678 Mill. m³ an gereinigtem Erdgas angegeben und übertrifft die des Vorjahres (4444 Mill. m³) um 5,3%.

Im Nigerdelta in **Nigeria** ist erstmalig in 11 km Abstand von der Küste eine 14 m unter Wasser niedergebrachte Bohrung in 3440 m Teufe erdölfündig geworden. Sie produziert täglich 600 Barrels.

Die bedeutenden **Erdgaslagerstätten** von **Afghanistan** werden mit sowjetischer technischer Hilfe erschlossen werden. Von 1966 ab wird eine Jahresproduktion von 2 Mrd. m³ erwartet, wovon die Sowjetunion 1,5 Mrd. m³ durch Pipeline übernehmen wird.

Die **Rohölförderung** aus den Ölfeldern im nördlichen **Sumatra,** die 1958 noch bei 350 bis 500 t täglich lag, beträgt nach Angaben der indonesischen staatlichen Ölgesellschaft Parmina jetzt täglich 7600 t.

In **Jugoslawien** wird eine Steigerung der **Stahlproduktion** von 1,5 auf 3,2 Mill. t jährlich auf Grund der neuen Anlagen von Skoplje und Smederovo sowie des Ausbaus der bestehenden Werke erwartet.

Die 1,2 bis 2% Chrom enthaltenden **Chromerze** der reichen Lagerstätten von **Guinea** sollen auf Grund eines Vertrags mit den Vereinigten Österreichischen Eisen- und Stahlwerken AG (VÖEST) in so großem Umfang gefördert werden, daß statt der bisherigen 800000 t jährlich in einigen Jahren 6 Mill. t Erz exportiert werden können.

Nach Angaben des Finnländischen Geologieinstituts enthalten die **Erzlagerstätten** in Nivala (Nordhitura) etwa 5 Mill. t Erz mit Gehalten von 0,7% Nickel und 0,26% Kupfer.

Spanien weist eine steigende Produktion von **Zink** durch die Compania Española del Zinc, S.A., auf, die jetzt 20000 t beträgt und Exporte ermöglicht. Die Gesellschaft produziert außerdem elektrolytisches Kadmium, Zinkoxyde und Monohydrat-Schwefelsäure.

Eine Jahresförderung von 6,5 Mill. t **Schwefelkies** wird von dem Schwefelkiesrevier Tarnobrzeg, das von der **VR Polen** und der **ČSSR** gemeinsam bewirtschaftet wird, bis 1970 durch die Anlage einer weiteren Grube erwartet. Das Chemiewerk „Marcel Nowotka" werde dadurch eine Jahresproduktion von 1 Mill. t Schwefel erreichen.

Borazon ist ein nach einem in den USA entwickelten Verfahren unter einem Druck von 70000 kg/cm² aus pulverisiertem Bornitrid erzeugtes Material von der Härte des Diamanten, das eine doppelt so hohe Temperatur wie der Diamant verträgt und für Schneide- und Schleifgeräte geeignet sein soll.

In den nächsten Heften

der

Zeitschrift für angewandte Geologie

erscheinen u. a. folgende Beiträge

G. ADLER & M. LEHMANN: Die erdmagnetische Vermessung Ostthüringens, des Vogtlands und des Westerzgebirges

M. MÜHLBACH: Zu den Grundprinzipien der geologisch-ökonomischen Bewertung von Lagerstätten fester Minerale in den einzelnen Stadien der geologischen Erkundung

F. STAMMBERGER: Zum ökonomischen Nutzungsprinzip von Armerzlagerstätten unter den Bedingungen des Sozialismus

B. HEYNE, W. KLIPP & P. SCHEIBE: Die Anforderungen an Bohrspülungen im Norden der DDR

A. A. TROFIMUK: Über das rationelle Verhältnis von Erdöl- und Erdgasvorräten verschiedener Klassen und über die Methodik der Planung ihres Zuwachses

H.-J. BLANKENBURG & K. H. JAGUSCH: Mögliche Fehler bei Schwermineraluntersuchungen, unter besonderer Berücksichtigung der Schwermineralanalysen bei Glassanden

L. GALILÄER, G. HÖSEL & G. M. UTECHIN: Über Borminerale und Scheelit im Skarn von Pöhla

A. STEINMÜLLER: Zusammenhänge zwischen Auslaugung, Lagerungs- und Oberflächenformen im thüringischen Eichsfeld

Herausgeber: Zentrales Geologisches Institut und Zentrale Vorratskommission für mineralische Rohstoffe der Deutschen Demokratischen Republik. Für die kollektive Chefredaktion: Dr. K. KAUTER (Redaktionssekretär), Berlin. Redaktion: Berlin N 4, Invalidenstraße 44. Verlag: Akademie-Verlag GmbH, Berlin W 8, Leipziger Straße 3—4 (Fernsprecher 220441, Telex 011773, Postscheckkonto: Berlin 35021). Bestellnummer des Heftes 1047/10/11. Alleinige Anzeigenannahme DEWAG-WERBUNG, Berlin C 2, Rosenthaler Str. 28/31, und alle DEWAG-Betriebe in den Bezirksstädten der DDR. Die „Zeitschrift für angewandte Geologie" erscheint monatlich. Bezugspreis 2,— MDN je Heft. — Satz und Druck: VEB Druckhaus „Maxim Gorki", Altenburg. Veröffentlicht unter der Lizenznummer 1279 des Presseamtes beim Vorsitzenden des Ministerrates der Deutschen Demokratischen Republik. Kartengenehmigung: Nr. 425, 647, 850/64

Wir
helfen
Ihnen
suchen!
Wasser
LEBENSWICHTIG
FÜR INDUSTRIE
UND LANDWIRTSCHAFT
VEB GEOPHYSIK
Leipzig C 1, Martin-Luther-Ring 13
Telefon 77 61 · Telex 05 12 76

MIX
Papier | Fördert gute Waldnutzung
FSC® C083411

Zeitfracht Medien GmbH
Ferdinand-Jühlke-Straße 7
99095 Erfurt, Deutschland
produktsicherheit@kolibri360.de